# 高效思考

用直观判断力有效预测未来

高原 著

现实中，我们通常都习惯于用旧有的思维观念
来看待事物，思考问题，做出判断。
出于节约时间的考虑，
我们很依赖这种以经验为准的模式。
这种思维模式将我们困在思维的笼子里，
无法逃离过去的影子。

# 序言

## 用直观判断力有效预测未来

近百年来，许多现代组织都曾研究过如何使人的决策能力和领导能力达到新的层次这一问题。任教于美国加州大学的认知心理学家韦纳发展了弗里茨·海德提出的"归因理论"，使之流传于世界，影响甚广。他认为，人的个性差异和经验会影响他的"归因"——对事物的本质和变化趋势做出判断；同时情绪和投入程度也是影响人们"归因"的重要因素。它们构成一种稳定的判断机制，对人在事情的处理方式上产生重大的影响。（"归因理论"是指用人为因素影响和控制环境，并对所观察的对象进行激励和控制，从而对其因果进行解释和推论的理论。）但是，美国洛杉矶歌德公司的执行总裁史密斯并不同意这一观点，他从另一角度提出自己的疑问："强调稳定和可控性的思维是如何让我们的头脑变得僵化、教条的？判断和选择的能力又在以怎样的方式衰退？"

由于对"归因理论"的认同，人们往往趋向于使用固有的方法处理所有的"相关问题"。这也许很可靠（直接套用某一经验带来了效率的快速提升），却也丧失了对新生事物的敏感性。换句话说，人类天生的直觉被搁置了。上帝赐予的宝贵礼物，人类思维皇冠上那颗明珠，在组织性和程序性的思考中变得黯淡无光。

但所有人也都认同这一点：我们需要找到正确的方式来培养我们的直觉——优化思考路径，第一时间做出更正确的选择。更重要的是，我们要为自己的生活寻找更有活力、更新颖的展开方式，即充分开发直观的智慧。

在本书中，我们提供了一些很有实用价值的内容，其中的案例涉及各个阶层，涉及人们生活和工作中的很多事件。因为我们曾有超过200名工作人员在3年内搜集了大约4万个案例。从本书中，我们可以一起观察案例的主人公是如何开发直观的智慧并据此展示自己卓越的判断能力的。

当然，本书的内容并不是提倡读者完全摒弃传统的经验型判断，或依托"归因理论"进行的思考，因为经验在某种程度上也是直观判断的基础，是直观的一部分。经验是思维的土壤，也是人们决策的参考，甚至是人的本能。这是许多领域的专家、学者通过数年实践后得出的结论。

但可视性的经验决定了人的一切选择吗？

答案显然是否定的。

一些思维课程的参与者在完成有关心理学、潜意识与思维技能的学习后，仍然会抱怨说："你看，我们要完全跳出经验的'陷阱'是不可能的，创新永远是人类的追求，但'创新的升华'在经验面前却遥不可及。我也想创新，我想某一天送出的礼物能让女朋友激动得流泪，而不是像以前那样骂我不是个善解人意的笨蛋；我希望我提交的方案能让那个一贯用下巴看人的上司露出满意的笑容。但这些是不可能的，我在做决策时第一时间想到的仍然是一些成型的方案，我的本能在遵循着过去的思考模式。我看到的总是过去的影子，不由自主地踩着昨天的脚印麻木前进。"

之所以会出现这种情况，是因为人们不由自主地把以往的经验和对未来直观的判断放到一个对立的位置上。人们在学习到新的"经验"时，总是试图用它去覆盖旧的部分。我们学到新知识后，就认为旧知识过时了，但从根本上讲，它们都是经验。

在一次哈佛大学举办的讲座中，史密斯说："环境总是在发生变化，参照系也在变化，很多思考的方法正变得不合时宜，这也包括我们做出判断的方式。虽然你站在过去坚实的石阶上，却觉得未来一片空白，因为未来需要的是最直接的创造力，最有洞察力的感知能力。形象地说，它需要有天才一般的预见力。"

想要在未来继续取得成功，我们就需要重新思考一个问题——如何快速做出正确的思考与判断。这是一个重要问题，也是一门人生课程。在本书中，我们将和读者一起学习直观判断的智慧，提升自己的判断能力和决策能力——它是我们对事物最直接最有效的感悟、洞察和认知；它绕开了普遍存在的经验法则，但又严格遵循事物的内在规律。

简单地说，直观判断力是将我们的直觉和思维充分地结合起来，对事物进行创造性的思考并得出精确的判断的一种能力。直观判断力是超越了经验的能力。如果人类没有这种能力，也许就不会创造出如今这般繁荣的文明。

幸运的是，人类的领袖人物多次在关键时刻做出超越集团利益需求的决策，才挽救了我们的文明。如果仅凭过去的经验和传统思维模式的推断，你就不会看到这些"奇迹"的发生，因为通过经验做出的判断有时会违背常识。

几千年以来，人们都认为理性是最高等级的思维方式。人们崇尚理性，摒弃感性，认为理性是建立在复杂的逻辑基础和经验归纳之上的。当然，保持理性是正确思考的基础。但实际上，优秀的企业家经常是凭借"突然的直觉"做出英明决策的。他们的判断基于理性，但又超越理性。直观判断的智慧是其思考模式的核心动力，推动着一步又一步的创新，永不衰竭。众所周知，理性和创新有时会出现冲突，因为理性永远在追求"结果导向"，而创新则要求你最大限度地忽略那些结果的"不确定性"，大胆地寻求突破。尽管创新的风险很大，但它很值得尝试。无数优秀之士前赴后继，都希望成为下一个伟大的创新者。

关于"如何做出理智而正确的决定"这一问题的答案，史蒂夫·乔布斯和沃伦·巴菲特等商业天才会用他们的流传已久的故事告诉你，总有一些成熟的模式可以遵循。但学习他们天才的预见力就能让你做出更明智的决定吗？事实未必如此。如果你没能充分理解什么是直观判断以及何为预见力的话，或许你会将直觉与本能的思维反应当作本书所提倡的直观判断力。

在直观和理性之间，始终存在难以界定的模糊区域，就像人类几千年来对大脑核心区域的工作机制尚不明确一样。在这个神秘的区域里，人的直觉与逻辑每秒钟都会发生上亿次的互动，最终形成他的思维模型和判断模型。

## 直观的模式

本书讲到的直观是使我们的理性分析获得升华的"思维分析法"。通过缜密有效的"思维优化"，我们拥有了一套对事物进行精简判断的程序，能够快速地从复杂现象中得出直接、有效的结果。

## 直观的本质

人的直观是直觉进行了优化并且超越了经验的结果。它通常取决于我们对待事物的心态、看待自己的角度以及是否受到经验的诸多束缚。假如理性而干练的直觉占了上风，将大大缩短洞察事物的时间，会让你获得意料之外的惊喜。尽管这种情况极少出现。

## 直观实现的过程

在本书中，直观是将逻辑具体地运用于创新的思考方式。直观能帮你产生远见和新颖的想法，激活大脑的创新能力，从旧事物中发现新的东西。当你主动开发大脑中直觉与逻辑的结合区域时，你在很多领域都会获得卓越的判断能力，从而跨向全新、智慧的层面。它是不合逻辑的、快速的，同时又是可以洞察本质的。

开启直觉的关键，是对未来的敏锐感知。对中国的企业家和部门的管理者而言，本书同样具有现实意义。现在我们的工作正在发生一些奇妙的变化，变得更简洁且更有张力。就我们所知的信息流通领域来看，在过去的十几年中，互联网彻底改变了信息的流通方式。

互联网让世界上的信息变得更加透明，拥有直观的"未来主义者"已经赢得了广阔的发展空间。在30年前，我们很难想象一家不知名的小公司能在几年间就成长为世界级企业，他们的领导者会成为全球性的卓越人物。这在过去简直无法想象，但在今天却十分平常。

今天，人们比过去更容易看到未来的样子。海量的信息带来的冲击利弊参半，但坚定的"未来主义者"从中看到了积极的一面。他们对自己的判断充满自信，在不同的地方抛头露面，预测未来，并且善于利用各种方式计算自己和别人的成功概率。在这个过程中，某些"未来主义者"或许拥有了一种稀缺的能力——通过锻炼使自身具备从复杂现象中感知本质的能力。

你对明天做出判断时（人人都在用不同的方式判断明天），要关注那些"已发生事实"的核心要义，了解事物发展的趋势，因为它们恰恰是正确解读未来的关键。同时，这也表明——觉察到已经发生的变化并进行正确解读是多么重要！

本书将阐述一个道理：机会往往隐藏在我们身后，而不是脚下或眼前。当过去的经验要求你继续前行时，直观判断可能会提醒你停下来，使你把握住当前的机会。我们的脑海中总会出现这种提醒：机会在已经发生的变化中产生，你如果总是盯着虚无缥缈的未来，就可能错失今天的机遇。读完本书后，你如果愿意开发自己的直观判断力，就能以最快的速度感知到世界正在发生的变化，你会惊讶地发现自己曾经错过了很多美妙的风景。

开启直觉的目的：获取优于他人的观察力。通过阅读本书你将知道，能把握住即将出现的"变化"和已经出现的"变化"是一种能力的体现，是那些卓越人物具备的才能。直观超越了直觉，它既属于经验与理性的范畴，又为我们超越理性的反应所控制。它近乎一种"神性"，却没有超出"人性"的极限。

在本书中，我们将会和读者朋友们一起努力研究直观的本质及特点，并围绕"直观"这一核心命题，阐述它对生活、工作等不同领域的深刻影响，最终解决两个核心问题：第一，直观能为我们带来什么；第二，如何拥有这种才能。

解决上述两个问题的过程，就是了解和开发直观判断力的过程。本书会列举许多与大家密切相关的案例，统一分析直观对人们判断能力和决策能力的影响，阐述如何才能开发和训练直观判断力，并以此改善自己在生活和工作中的判断能力、决策能力。

正如我一贯的坚持，本书也会秉持通俗易懂的风格，从我们身边普通的故事讲起——从直观与直觉的关系、直观的层级、思维方式的重新定义、创新和判断力的关系，以及通过潜意识训练来提升自己各个方面的直观能力，为读者搭建一个"直观判断力模型"，以便于大家检验自身是否具有做出高效、直观思考的潜质。

也许本书还无法使我们超越理性的现实壁垒，但它至少能让我们在对世界的认识上迈出一大步。我也衷心地希望本书能使读者有机会在不同的行业写下属于自己的美好篇章，为生活带来积极的影响。研究直观的智慧，重新构建我们的思维方式，更加有力、高效地观察世界，倘若你能做到这些，就已经非常值得欣慰了。

# 目录

## 第一章 直观——做出判断的关键技能

直观判断就是"直觉"吗 _ 003

直观判断力的三大体现方式 _ 008

直观判断与归因理论 _ 013

直观判断与自信 _ 020

经验和感性的结合 _ 027

"做选择"之前的能力 _ 031

## 第二章 直观的五个层级

聪明的分析——绕开经验法则 _ 037

绝妙的主意——看到怎样开始 _ 041

觉悟的意义——看到如何结束 _ 046

不同的路径——创建全新的思考系统 _ 049

通达的智慧——看到最终的命运 _ 056

1

## 第三章　重新定义你的思维方式

超越理性 _ 061

如何思考新事物 _ 064

用问题否决"问题" _ 069

"分析型思维"败下阵了吗 _ 075

## 第四章　新时代的卓越判断力

直觉的"指南针" _ 085

看到问题的钥匙 _ 093

摆脱"结果导向" _ 097

重建你的"判断系统" _ 104

运用直观判断的八项原则 _ 110

## 第五章　"直观决策"的秘密

把"灵机一动"变成美妙的主意 _ 121

让"脑回路"变短一点 _ 127

有些步骤不能忽略 _ 133

只指出方向，不判断对错 _ 142

## 第六章　优秀领导者的直观判断力

从开始就放弃控制 _ 149

积极的自我预言 _ 153

不可或缺的"预见力" _ 157
如何建立卓越的影响力 _ 161
发现并满足不同人的需求 _ 165

## 第七章 是什么在抑制我们的直观判断力

抱残守缺的错误认知 _ 171
赌徒谬误的偏向 _ 174
沉没成本的"怪圈" _ 178
固执己见的坚持 _ 182
思维定式的围墙 _ 185

## 第八章 用潜意识唤醒最直观的想象力

你对"想象力"真的了如指掌吗 _ 191
加强直观的理解能力 _ 195
如果我们的直观判断是错误的怎么办 _ 197
小心,潜意识中的"懒惰"会让你讨厌思考 _ 200
破除"权威效应"对直观的负面暗示 _ 205
无须担心未来,只管去做吧 _ 209

## 附 录

提升直观判断力的 100 条黄金法则 _ 213

# 第一章 01

## 直观——做出判断的关键技能

## 直观判断就是"直觉"吗

从呱呱坠地到弥留之际，人们在接触世界的过程中不断地无意识地运用着直觉。我们用直觉分辨亲疏远近，形成情感，这种情感甚至比血缘关系更令人难以割舍，我们也凭直觉来判断一件事情是否值得去做。

最终，以直觉为主的思维方式将贯穿人们对大部分事物的思考过程。不论是终生为平民百姓，还是有朝一日出人头地，人们都逃离不了直觉的影响。但在实际操作中，很多人经常把"凭直觉做选择"与"理性的直观判断"混为一谈，直觉似乎和理性画上了等号，成为判断力的构成要素。

我在调查中发现，一些知名企业的领导者也时常出现这种问题。比如，乔布斯引以为傲的"固执"既给他带来了永传后世的骄傲，又让他在某些时候犯下了不可原谅的错误。这表明，即便是成功的人物，直觉也并非一直可靠。

在现实生活中，我们经常会有这种感觉：认为自己的决定是正确的，但又隐约觉得自己的想法可能是错误的。在感性与理性相结合的状况下，我们时常摇摆不定。这恰好反映了直觉与直观判断的微妙区别。

在过去几千年的文明中，伟大的发明家和科学家创造出无数超越人类认知范畴的奇迹，如爱因斯坦的相对论。类似的奇迹是如何创造出来的呢？是经验积累的结果，还是"直觉的胜利"？

答案虽然五花八门，但很显然，发明家和科学家在对事物的观察上通常具有超越常人的能力，他们凭借对事物发展的精准预见及创造力，获得了无数普通人无法企及的成就。而如何获得这样的思维能力，显然是我们更感兴趣的问题。

现实中，我们通常都习惯于用旧有的思维观念来看待事物，思考问题，做出判断。出于节约时间的考虑，我们很依赖这种以经验为准的模式。这种思维模式将我们困在思维的笼子里，无法逃离过去的影子。

与改变现实、获得成功的强烈需求一样，我们还需要提高自己对复杂事物的观察能力和归纳能力，以便在未来做出正确的决策。从这一点来说，每个人都需要直观判断力，因为它能改变我们的生活，改变让我们喋喋不休地抱怨与鄙弃现实的糟糕状态。

和纯粹的直觉相比，直观判断是感性的，却又以理性为基础，它是基于严密的逻辑分析而进行的创新和创造。它对客观事物的判断是直接的、生动的，也是精确的、犀利的。

相对于直觉来说，直观判断有哪些特征呢？

## 1. 直观判断并不等同于直觉

虽然直观判断与直觉密不可分，但它们在本质上并不是一回事。通常直觉判断都是出于本能和经验在第一时间所做出的判断，它不需要经过推理分析，也无须对未来做出严谨的预判，是严格遵循"结果导向"——出于保护自身的目的而做出的应激判断。从直觉的角度来看，自身的利益和需求才是第一位的，人们在任何情况下的反应都毫无例外地遵循这一原则。

例如，我们在路上行走时，听到身后汽车的鸣笛声会立刻避让到一边；在驾车行驶时，看见前方突然出现的障碍物，我们会立刻踩刹车。本能在此时掌握了决定权。有心理学家说："即使经过数千次训练，士兵在战场上冲锋时，只要听到子弹划过空气的声音，也会本能地选择低头。虽然我们都知道，能听到声音的子弹通常是不危险的，那些能夺取性命的子弹不会让我们听到声音，但大脑不这样想，它将子弹的声音视为危险。这就是直觉的工作机制。"

直觉所体现的是人的"安全本能"，而直观则会让人们计算风险和收益，理性地对待"不安全事件"。但对大多数人来说，迅速地做出直观反应实在是太难了。

## 2. 善用直觉才能做出"好"的决定

一个决定，怎样才算好？怎样才算坏？史密斯说："在做出一个好决策时，直觉的重要性经常被忽视，这是一种普遍现象。人们一方面渴望挖掘直觉的力量，另一方面又小心翼翼地排斥直觉。"研究证明，在人们所做的重大决定中，有90%都是凭个人的直觉做出的，而非根据实际资料。这表明，只有当我们善于利用直觉时，才能上升到直观判断的层面。

直觉形成了进行直观判断的基础，这是思维运作的关键机制。我们了解了这一点后，承认直觉的重要性并积极地开发直觉，才是真正聪明的做法。

直观判断力是一种把过去的经验转化为当下行动的快速决断机制，同时也是一种将过去的经验与对未来的判断相结合，进而洞悉未来的变化和趋势的能力。

也就是说，一个人在以往的专业领域中拥有非常多的经验，同时还能使自己超越经验的限制，结合自己的直觉，对未来做出准确的判断，而无须左右为难地分析种种选择。当直觉上升到直观反应的层面时，做出理性而坚定的选择就成了顺理成章的事情。这就是军人和消防队员可以在生死关头迅速做出重大决定的原因。他们可以战胜内心的怯懦，上升到理性的直观判断层面，从事件中找出重要线索，第一时间做出反应，然后毫不犹豫地行动。

这是基于理性但又超越理性的判断力。其中不仅包括看、听、触摸等感受，还包括心灵、经验、观念等对事物的直觉反应（分析和判断事物的最高级的能力）。

在现实生活中，人们的眼光总是被过去的观念和思维偏见所蒙蔽，看到新问题时，先想到的总是无数个旧问题，因此无法客观地认识事物的本质，使旧问题成了人们审视新事物的参照系。也就是说，大部分人在思考问题时总是复制现成的经验，沿袭旧有的模式。

想要获得犀利、客观的观点，我们首先要摆脱对经验和偏见的依赖，暂时停止对过去的参考，让思想变成一张白纸，再让外界的事物不经任何加工地进入大脑。

最后，你还要将各种已有的知识暂时抛开。这时，你所看到的就是原生态的信息。你采用这种方式审视变化、观察事物时，就能避免经验和习惯带来的影响，实现直观思考。

总而言之：

直观判断力不是某种神力——它不是某种"超感觉"的力量；

直观判断力不是天赋——并非人生来就具有的"超能力"；

直观判断力是可以通过后天的学习来强化的——学习如何运用正确的分析工具；

直观判断力是一种切合实际的快速判断能力——是直觉和理性分析的结合。

# 直观判断力的三大体现方式

## 一、经验的直接体现

我曾看过一位知名企业家的一个演讲视频，一个年轻人说他对未来感到十分迷茫，不知道自己要做什么。这是一个人找不到梦想的表现。这位知名企业家的回答是："我20来岁的时候，也不知道自己要干什么，也不知道自己会去做企业，只是一件事一件事地做过来的。"

在这位知名企业家看来，没有人能够预知自己的未来。那么，你坐在家里苦思冥想又是为了什么呢？不如走出去，一步步积累经验。经验的积累会让你慢慢拥有直观判断力的基础。因此，直观判断力首先是经验的直接体现。

经验让人成熟。一个人的阅历越丰富，就越明白事情内在的逻辑。年龄大的人对问题的直观判断总是比较谨慎的，而年轻人却容易冒进。因此，成熟的人知道，计划再好，再完美，如果没有付诸行动，也是枉然。世间万物都有其形成的规律，做任何事都需要循序渐进，不可能一蹴而就。无论从哪个时代来看，短时间就能取得伟大成就的人少之又少。

当经验转化为直观判断力时，我们需要做的是，放下思想包袱，让前进的步伐变得轻快起来，对任何问题都要保持耐心，并坚定地付出努力。经过长久的积淀，自然而然地就能达到一定的高度。

## 二、本能的反应

你是不是曾经觉得自己的大脑很了不起？的确如此。我们的大脑在"后台"时刻不停地加工着大量的信息。我们毫不费力地将许许多多的"认知工人"分配去完成绝大多数思维任务和决策任务。这些"认知工人"在我们头脑的工作间里忙碌着，听从着我们的指挥。在这里，充满神秘的本能反应构成了我们的显意识和潜意识。

例如，当我将想法转化为文字时，思想的火花在屏幕上快速显现，不知来自哪里的指令让我的手指在键盘上来回敲动。当我在键盘上敲下一行又一行文字后，我的手指自然就知道"A"在哪里，"P"在哪里，又或者怎样切换中、英文输入法。这正是发生在我们身上的神奇现象。当我打字时，有人走进我的办公室，聪明的手指（其实是操纵手指的本能）能够让我一边交谈，一边继续熟练地打字。事后我检查发现，一边交谈一边打字和专注地打字，准确率是一样的，我并没有因为分散注意力而打错字。还有很多事例可以告诉我们，一个人的本能反应是多么不可思议。

在一次普林斯顿大学的座谈中，史密斯讲到这样一个例子：

在驾校学开车时，每一个学开车的新手都需要完全投入，尽量不和别人交谈，并且全神贯注地留意路面状况。比如，美国人在英国开车，第一个星期会再次体验做新司机的感觉。因为行驶的规则变了，所以他们需要集中注意力，直到渐渐掌握靠左行驶的技巧。一段时间后，人们学会了驾驶技术，之后的驾驶便会逐渐成为一种"熟练化"的技能。就像大多数生活技能一样，驾驶成了一种自然的行为。这时，意识就被解放出来了，潜意识当家做主，本能开始发挥作用。当红灯亮时，我们会下意识地踩刹车，根本不需要思考后再做出决定。

他总结说："我们应该庆幸人类具有这种自然的反应能力。在人类生活的大部分时间里，这种自然反应都在发挥作用，我们依靠大脑的'自动驾驶'功能做出一天中的大部分决策。有这种由本能主导的判断机制帮我们应付各种常规的、熟悉的任务，我们便可以把注意力放到重大事务的思考上。这说明什么呢？说明越是高级的思考，越需要大量的本能反应，以便我们腾出精力处理最棘手的问题，比如考虑是否再购买一栋房子。"对任何人来说，情况都是如此。无数的本能反应相结合，驱动着我们做出重要的决定。一方面，经验提供了至关重要的参考；另一方面，本能的判断则为大脑输送了许多"刺激参数"。这些都是直观判断力的具体体现。

### 三、超理性的判断力

生活中，轻易冲动的人容易被第一印象牵着鼻子走，感性地做出各种各样的决定。人们在做决定或准备采取行动时往往被一种"特别的感觉"支配着——我觉得很好、我觉得很坏、我觉得应该这样做。冲动带来了快感,这种快感让人们难以自拔,尽管事后非常后悔,但下次他们还会这样做。

作为大脑的本能反应,冲动让我们在通过推理做出决定前快速行动。有时,行动的结果可能是好的。但即便是有好结果的冲动,也不是直观判断。

具体来说,"冲动"既不需要经验,有时也不受本能的控制。我们在记忆、思考、推理时,都要远离冲动,因为这种行为具有相当高的风险性。而一个真正具有判断力的人会利用我在前面提到的两种特质(经验和本能)来思考。他会向理智寻求帮助,而理智会让他明白冲动行为的后果。

"冲动的选择"和"直观判断"就像两件不同的衣服,前一件也许看着很好却并不合体,而后一件则是在量体裁衣之后,由熟悉所有材料、工艺的工人缝制而成的。我们需要的是直观判断,而非冲动的选择。

许多人容易将直观判断和冲动混为一谈。在凭借感性做了一些事情后,他们自我感觉良好,认定这正是他们必须做的——出于某种无谓的正当性。但在本质上,直观判断和冲动是两个截然不同的概念,两者只是在思想的自发性上有一些相似性,此外再无相关之处。

简单地说,直观判断是一种将心理、思维、经验和性格融于一体的推断能力,它看似令人费解,其实有迹可循。然而,人们在单纯的原始冲动下行事时,是不会利用理性的判断力的。比如在发生冲突时，冲动的人不会思考："我是否应该冷静地想一想？"因此，冲动的人更容易为自己的行为感到后悔。这是缺乏自制力的结果。只有理性的意识和对现实的逻辑分析才能将其纠正。

直观判断从流程上说虽然是一个简单的思考过程，却涉及推理。在经验的依托下，为了迅速得出结论，人们可以利用直观判断来看清事物的本来面貌。因为直观判断最接近问题的本质，它能给我们带来启发。

## 直观判断与归因理论

由于工作原因，从15年前我就开始参与公司的招聘面试和员工的辞职谈话，我先后至少与上千人进行过交流。

在面试时，我通常会问求职者上一份工作辞职的原因，因为我想听听导致他们辞职的具体问题。

最终我发现，大多数求职者在谈及自己辞职的原因时，通常会给出以下答案：

（1）公司提供的资源不够多；

（2）老板人品不好；

（3）公司管理混乱；

（4）行业没前途；

（5）工作压力太大；

（6）薪水涨得太慢；

（7）同事不好相处。

这是典型的"归因于外"——将问题的根源归结到外部环境或其他人身上。遇到挫折时,他们首先想到的是推卸责任。

当问到他们在上一个工作岗位上做出了什么成绩以及为什么能做出成绩时,他们将原因归结为以下方面:

(1)我的个人能力出众;
(2)我付出了足够多的努力;
(3)我的人脉很好;
(4)我很诚实;
(5)我工作认真负责;
(6)我的人品有口皆碑。

这是典型的"归因于内"——在成绩面前,他们看到的是个人的因素,而不是环境、他人对自己的帮助。

当然,那些打算从公司辞职的人如果讲出自己真实的想法,大多也和上述的说辞类似。他们的确是这样想的,并不是在敷衍我或者有意隐瞒自己的想法。并且我还发现,公司中的低层管理者和能力较差的人总是倾向于给出上述说法,他们思考问题的方式和做出判断的路径惊人地相似。

人们总是习惯采取某种特定的归因方式。也就是说,如果一个人习惯性地把不好的事情和错误的事情都归结于外部不可控的因素,那么他注定是一个失败者。如果一个人习惯把他以往的成绩都归功于自己的能力和品德——看到的总是自己的优点,那么他就无法取得更大的成功,因为他完全忽略了外部可能存在的有利因素。

这两种人都没有认清自我,没有正确地审视这个世界,并且一直陷在自身的归因习惯中。

正因如此,我们作为社会的参与者、观察者,经常喜欢追问某些问题的原因,尤其是当那些问题与我们有关时,比如:

我表现这么好,为什么会被公司解雇?
我这么努力,恋人为何会离我而去?
我做的计划如此完美,为什么最终会失败?
我投入这么多钱到这笔生意中,为什么始终没赚到钱?

你如何解答这些问题,就意味着你是如何看待这个社会、如何看待自己的人生的。从思考习惯上来说,人们总是倾向于思考事情发生的"可能原因",并尽快找到一个让自己满意的答案。这时,"归因理论"便应运而生,作为一种判断和感知事物的方式,它帮助人们对现实问题进行"因果解释"。

但找到问题的原因真的如此"重要"吗?我并不这样认为,因为我们归因的目的并不是寻找答案,而是找到解决问题的方法。

著名心理学家弗里茨·海德在其出版的《人际关系心理学》一书中首次提出"归因理论"。归因是指观察者为了预测和评价被观察者的行为,并对环境加以控制或对其行为加以激励或控制,对被观察者的行为过程进行的因果解释和推论。简而言之,"归因理论"能够在日常生活中帮助人们找出事件发生的原因。

他认为,人们在犯错后通常会将导致错误的原因归为内因和外因两个方面。对于因自身行为而导致的错误,人们通常会归咎于外因，比如：

"啊，这事是不对，可这是别人让我这么做的！"

"因为电脑出了故障，所以我的工作效率才这么低！"

大部分人在解释自己行为的错误时，更倾向于寻找外在原因；而在解释他人行为的错误时，却又倾向于寻找对方的内在原因。自己做错了事情，一定是别人的问题；别人做错了事情，一定是他自己的问题。海德将这一现象称为"基本归因错误"。

一次，我准备解雇公司的一名员工——在此之前，我已经听够了她对公司的抱怨，比如：公司未能提供给她丰厚的薪水以满足她日渐增长的开支；未能提供给她一间独立的办公室；等等。于是，我准备劝她离职。

我对她说："你在解释自己的行为时总是将问题归咎于外在原因，比如工作没做好，你绝口不提自己有哪些失误。你只看到竞争不公平，待遇不优厚，你认为一切问题都是公司做得不好导致的。你认为公司的行为是可控的，而你的行为则不可控。"所以，对于一个喜欢推卸责任的人来说，他会从"归因理论"中汲取错误的营养来做出直观判断。

直观判断的依据倾向于内因还是外因？在我看来，人们的直观判断的一个主导因素在于，认为导致行为的原因是自己还是外部环境。如果一个人将问题归结到自己身上，则意味着他喜欢反思自我；如果他将问题归结于外部环境，则说明他喜欢从外部环境中寻找原因。两种不同的归因方式使得人们对问题的判断方向完全相反。比如这位即将被辞退的员工，当我找她谈话并直言相告时，她可能认为自己被辞退的原因是：

第一，她的业绩太差了（不稳定的内因）；
第二，她的学习能力不行（可改变的内因）；
第三，公司提供的这份工作太难做了（稳定的外因）；
第四，老板是个混蛋，专门针对她（不可改变的外因）。

最后她满脸愤怒地拂袖而去。但有些人则会是另一种反应：接受现实，默默离开，并立志改变自我。因此，归因方式决定了你审视自我的方式。更重要的是，它会影响我们的思考模式以及我们对事物采取的应对方式。

## 假设一：你是悲观的

对悲观主义者来说，无论他们将问题的原因归于自己还是外部环境，他们都会认为自己经历的一切是消极且无法改变的，问题就像一座不可逾越的大山。他们坚定地认为失败的原因是稳定的，不论环境和个人因素在当中起了多大作用，都无法避免失败的结局。

就像史密斯所说："悲观主义者认为不幸将一直持续下去，直到生命终结。不论是坐在办公室里还是回到家中，他感受到的都是心烦意乱，没有一件事是让他称心如意的。他对人生的直观判断从宏观层面上来讲是消极的。"

## 假设二：你是乐观的

在乐观主义者看来，失败的原因（内因或外因）是暂时的、不稳定的，失败可以避免，并且其中存在诸多逆转失败的机会。他们倾向于想方设法改变那些不利的因素，认为只要付出努力，下次就可以做得更好。一次挫折对他们的价值观不会造成太大的影响，因为他们从消极的迷雾中感知到的是积极的因素。

请再思考一下这个假设性的问题，我在不同场合都提到过它："你向一位倾慕已久的异性提出约会邀请。你为这场约会准备了很久，并且志在必得。但不幸的是，你被拒绝了。这时，你会如何定义这次失败？"

类似的挫折对人的情感承受能力是种极大的考验，很多人在生活中都遇到过类似的挫折。在调查中我发现，当人们解释自己约会的请求被拒绝的原因时，即使是在某些领域很成功的人士，也会产生一些愚蠢的想法："不是我不优秀，是她太矫情了！"

### 归因理论的误区

"归因理论"起到的社会效应是毋庸置疑的，但人们在遵循归因逻辑做出判断时，除了依据自己了解到的客观信息，还会带有浓厚的主观色彩。即便是客观的信息，也会在人的大脑中被二次加工，变得不再客观。

人们站在主观的角度对事物进行判断，会很容易得出一些似是而非的结论，其中就包含强烈的个人倾向、偏见和情绪化的观点。

"我没有魅力吗？不，是她看不到而已！"

"我没有能力吗？不，是上司眼界狭窄，不能容忍别人比他优秀！"

这就容易导致归因错误。许多人在分析某一行为的原因时总是会高估自己、低估别人。就像剑桥大学的一位心理学教授所说：

"人们缺乏直观的智慧,在对事物做出判断时总是急于寻找某种显而易见的原因。人们要学习如何避开主观因素的影响,直达问题的核心,要学会发现自己和世界的本原关系,然后再做出正确的选择。"

在许多情境中,人们将成功归因于自己,而将失败归因于环境,这是缺乏直观判断力的表现。也就是说,某些人和世界之间是一种单向封闭的关系,他们遵循着自利性的思维逻辑。在群体中时,他们也会将团队的成功归因于自己,而将失败归因于团队中的其他人。然而,一味地寻找问题的原因虽然让他们心安理得,却也会让他们在错误的道路上越走越远。因此,在开启直观智慧的同时,研究"归因理论"并掌握正确的方式是非常有必要的。

## 直观判断与自信

闻名世界的股神巴菲特曾经说过：人要认清自己的能力范围，并且待在里面。这个范围的大小并不重要，重要的是你自己要知道这个范围的界限在哪里。

他还根据自己几十年来投资股票的经验总结出一个道理——人不能太自信。有时人在做成一件冒险的事情后会产生一种盲目的乐观：我不管做什么都有好运相伴，所以我一定能成功！于是当他再次进行类似的冒险时，"灾难"就不期而至了。

那么，本书所讲的"直观判断"等同于这种过度自信吗？我的回答是："直观判断基于自信，但同时又有着超越经验的理性。"

我们和这个世界的互动是严重依赖于经验的，每个人的经验都是由自身的成长背景、教育经历以及与外界接触的所有感受构建的。从不适应到适应，从陌生到熟悉，人们经历整个过程并建立相应的"判断体系"。这一过程解决的是这三个问题：是什么？我该做什么？我能做成什么？

人们经常犯的错误就是过度自信——当人们对某种环境从陌生

过渡到熟悉时，就会产生"我能完全驾驭"的错觉。巴菲特总结的道理针对的是金融领域，但在其他领域这个道理也同样适用。事实上，几乎所有人都会产生这种认知偏差——过于相信自己的直觉。

近几年，我在世界各地结识了很多成功的企业家和公司高管，听他们讲述自己过去奋斗的故事，感慨成功的不易。他们能够取得成功虽然存在一定的必然性，但在他们事业发展的过程中也曾出现过或大或小的危机。原因就在于，他们被过去成功的经验绊住了手脚，盲目地相信自己的直觉，做出了错误的判断，致使自己的事业一度陷入困境。

2016年，南方一家公司的老板对我说："做生意真的很难。我在20世纪80年代初辞掉单位的工作下海做生意，那时候最赚钱的买卖是到广东搞批发，服装、电器，有什么买什么，一买就是好几车。拉到北方，有的是人要。我人生中的第一桶金就是这么赚来的。但是10年后再这么干就不行了，我第一次生意失败，就是因为在20世纪90年代的市场环境中仍然沿用80年代的思路，以为只要有差价就能赚钱，却忽视了人工成本。20世纪90年代是一个拼人工成本的时代，发财的都是一些在沿海地区设厂的人。如今这些拼人工成本的企业又不行了，因为现在是比拼产品性价比的时代。所以说做企业的最害怕讲过去，如果你总是活在过去的影子里，就可能连自己是怎么死的都不知道！"

无论昨天我们取得过多大的成功，对今天在做的事情都没有任何决定性的影响。直观判断不能建立在昨天的成功上，往日的失败反而还有一些参考价值。当你对未来的事物做出直观的判断时，如果用过去的辉煌成绩作为预测的基础，那你就打错算盘了。

美国学者詹姆斯·安德森曾经做过一个实验，他先给每一位实验的参与者讲述一条错误的信息，然后再让他们列举出支持或反对的理由。实验结果显示：那些阐述支持理由的人，在正确信息公布之后，仍然倾向于相信自己之前支持的错误信息是成立的，并且对自己的判断表现得很固执。

安德森教授将这种行为称为"信念顽固症"。其实，这是一种过度自信的表现。人们会排斥一切反对意见，坚持自己的看法，维护自己的立场。即便现有的事实已经否定其原有的立场，他们仍然会顽固地认为自己的判断是正确的，并且不愿做出改变。而持有这种想法的人迟早会走进自己亲手挖掘的坟墓。

在工作中，我们时常会遇到这样的人。某些以前很适用的方法，随着时间的推移和环境的改变，变得不再适用了，他们却仍然固执地坚持使用这些方法，仿佛是在守护某种神圣的信仰。你无法说服他们，因为他们会高傲地告诉你："你一定要相信我的判断，我是对的！"

英籍奥地利哲学家卡尔·波普尔曾说："在任何时候，我们都是关闭自己认知框架的囚徒。尽管跳出去只是一个更大的囚徒框架，但是毕竟比以前宽敞很多。"过去的认知每时每刻都在深深地影响着我们对当下与未来的判断，塑造着我们的判断模式，参与我们思维模型的构建。如果你不假思索地认定自己是对的，就要在事后拿出足够多的证据。

那么，正确地面对未来，我们应该注意些什么呢？

## 1. 经验让你自信，也让你死亡

20世纪80年代，IBM（International Business Machines Corporation，国际商业机器公司）是一家和诺基亚一样被称为"巨无霸"的公司，它税后的净利润一度高达65.8亿美元。在当时，这是一个相当惊人的数字，他们的业绩使得无数同行眼馋、忌妒。其中，他们在个人计算机业务的市场份额达到了80%，但就利润来讲，个人计算机业务占IBM总体业务的比重很小，因为一直以来IBM的主营业务都是大型计算机。

此后不久，大型机业务负责人约翰·埃克斯荣升为IBM总裁，他坚定地认为IBM的前景不可估量，特别是大型机产品。可他未曾想到的是，没过多久，IBM便陷入了巨大的经济危机。究其原因，是公司的高层管理人员不顾市场趋势的变化，依然将公司的主要精力放在大型计算机上，对PC（Personal Computer，个人计算机）一如既往地持轻视态度。

埃克斯与IBM所熟知的世界正在发生急剧的变化，但他们依然守着过去的经验，在曾经的辉煌成绩前故步自封，自掘坟墓。

虽然成功者自有其成功的道理，但问题是，如果我们在思维层面无法实现自我突破，就无法产生创造性的思考。更重要的是，我们还会对新鲜的事物丧失敏感性。

当你对未来失去好奇心时，过去使你成功的因素反而容易成为你走向失败的原因。后来你会发现，成功的副作用就是会让你觉得自己能一直成功下去。

许多功成名就的人习惯于复制原有的经验，对未来的事物盲目地自信，从而导致失败。我们总能看到一些人过于乐观，盲目地活在昨天的成功中，局限于自己以往的经验模式。这些都是过度自信的表现，并不包含我们所需要的直观判断力。我们需要的是能够穿越过去的眼光，卸下包袱，立足当下，看清未来。

### 2. 放下"聪明"，正视未来

这个世界上总有一些"聪明人"，喜欢在恶劣的天气、复杂的路况以及自然灾害面前表现出"过度的自信"。他们无比相信自己的直觉，当遭遇自然灾害时，他们坚定地相信自己一定是幸运儿，不会是受害者。

> 史密斯的一位朋友在几个月前差点儿丢掉性命。他计划开车到美国西部谈一笔生意。所有人都知道他喜欢自驾出行，不喜欢坐飞机，而且脾气暴躁。因此即便当时下着倾盆大雨，也没人敢劝阻。
>
> 后来他的车滑进一条深沟里，他凭着万分之一的幸运概率捡回一条命。

就像这位固执的生意人一样，在交通、航空部门忠告人们选择更安全的出行方式时，是什么因素使某些人做出非理性的选择呢？比如航班因天气原因延误时，一些人表现得非常固执，要求飞机一定要按时起飞。这些都是过度自信的表现，他们相信"好事一定会发生在自己身上，坏事一定会发生在别人身上"。而直观判断则能够教会我们如何放下感性的鼓动，理性地正视未来。

总有一些聪明人喜欢冒险，喜欢毫无规划地不断尝试新鲜事物，他们就像一群赌徒；而有些聪明人则喜欢守株待兔，信奉经验主义，企图用以前积累的经验来解决当下的一切。但如今早已不是经验决定一切的时代，这个世界也不再是投机者的天堂。

读大学时，我的一位导师说："一个人18岁时觉得自己很聪明，是好事，这说明他有冒险的冲动，教训会让他慢慢成长。可一个人28岁时仍然觉得自己很聪明，就是天大的坏事了，因为这是自以为是，他一定会为此付出沉重的代价。"

你30岁时会懂得一个道理：人们在不同的时间会有不同的需求，在不同的环境中又会表现出不同的优点和缺点。我们思考和做事的条件一直都在变化，昨天的方式在今天未必适用，今天的做法在明天或许就没有了参考价值。面对这种情况，你必须放弃所有的自以为是，对现实保持警惕。

他还说："任何成功和失败都是相对的，这是现实的写照，也是一种辩证法。我们只有用动态的眼光审视昨天、当下和明天，才能找到真正合适的路径。"

临近毕业时，我拿着一摞厚厚的论文去拜访他。我很自信地请他评判我写的论文，他戴上眼镜认真读完，然后对我说："每个人的思维都有自我遮蔽的倾向，即很容易陷入'所知障'[1]。你认为自己是聪明的、正确的、独一无二的，事实可能恰恰相反。你所取得的成就也许会成为你未来发展的障碍，你所看到的通道也可能会给

---

1. 所知障指的是被自己原来的知识、学问所蒙蔽，产生先入为主的观念。——编者注

你带来麻烦。"

也就是说，影响我们看清事物本质的并不是未知的东西，而是我们自以为了解了，实际上并不清楚的东西。

比如，初级股民对股市的把握总是盲目自信，因为他们从不接受那些不同的看法，从不听取那些反对的意见。某些股民甚至对偶尔产生的不同意见也不能接受，他们最听不得有人跟他们讲坏消息或提出忠告。

具体的表现就是：当股市疯涨时，人们特别喜欢聊股市的变化，炫耀自己赚了多少钱；但当股市陷入低迷时，人们又都刻意回避它，好像不存在股票这回事一样。之所以会出现这种现象，是因为人们在维护自己的"过度自信"——为了保护自尊心不受伤害，人们会采取逃避现实的行为。

在进行直观判断时需要注意以下两点：

第一，要想战胜"过度自信"，就要克服自身的偏见。人们都相信自己能做出理性且客观的决定，但事实上我们的认知都存在偏见。这些偏见时刻影响着我们对事情的判断。我们只有克服自身对外界的偏见，才能找到正确的认知之路。

第二，自信是直观判断的基础，但对它也需要进行检验。自信是把握真理的关键因素，但也必须达成自我检验的要求，你要有充分的证据来解释说明，因为任何正确的决定都应该是有逻辑可循的。

## 经验和感性的结合

作为公司行政管理方面的重要领导,史密斯非常清楚管理工作最需要哪方面的才能。他说:"一个经验丰富的人不但要熟知整个运作程序,同时还要知道什么情况下应该摆脱常规的运作程序,听从于直觉。"因此他认为,直观判断是超越经验的直觉,同时又以理性分析为基础。直观判断既离不开经验,也离不开感性。

如今我们面临的挑战是:怎样才能找到有效运用经验和感性的最佳方式?

如果我们只依据经验来做判断,就会出现很大的问题。科学家们曾做过一个非常著名的实验:

> 他们将两只大猩猩关到同一个笼子里,前两天不给它们任何食物。等到第三天时,研究人员在笼子外面放上一串香蕉,并设置了一个机关。其中一只大猩猩率先伸手去拿香蕉,结果触动机关,被狠狠地电了一下。这时,另一只大猩猩也去拿香蕉,结果同样被电到。在这之后,两只

大猩猩多次尝试，但始终都没能拿到香蕉，最终它们放弃了，并且再也不敢尝试。

之后，研究人员在笼子外面同时放上烂苹果和好香蕉，这时两只大猩猩先是尝试拿香蕉，结果被电到，但取苹果时却没有被电到。于是大猩猩只吃烂苹果，不敢再去拿香蕉。五天后，研究人员又将第三只大猩猩放到笼子里，这只大猩猩已经饿了两天了，饥肠辘辘，它看到笼子外面那串诱人的香蕉立刻就想伸手去拿。但令人意外的是，它遭到另外两只大猩猩的奋力阻拦。经过一番抗争后，新来的大猩猩选择和"难兄难弟"一起吃烂苹果，不去拿香蕉。

十天后，研究人员往笼子里放进第四只饿得发晕的大猩猩。当第四只大猩猩想要去拿香蕉时，不但最开始被电过的两只大猩猩去阻拦，而且连第三只没有被电过的大猩猩也加入了阻拦的行列。经过一番挣扎后，第四只大猩猩也打消了拿香蕉的念头，和其他三只大猩猩一起吃烂苹果。

等到第十六天，研究人员不再给大猩猩提供烂苹果，只提供香蕉。结果，四只大猩猩都选择挨饿，始终不敢拿那串香蕉。又过了两天，研究人员悄悄将机关撤除，这时四只大猩猩已经饿得头昏眼花了，但它们仍然没有去拿香蕉。

这就是只相信经验的害处，经验使这些大猩猩变成任人摆布的玩偶，因为"动香蕉就会被电"的认知已经在它们的脑海中扎下根来。当它们形成习惯后，不管有没有机关，都不敢再去拿香蕉。这是在潜移默化中形成的一种习惯，我们在生活和工作中也都深有体会。假如没有感性的驱动——意外行为、想象力和冲动的驱使，我们就很难突破旧有习惯的束缚，对事物产生真知灼见。

在许多课程中我都提到过这个实验，它说明人们在许多方面的困境——思考、创造、执行以及反省，总有一个经验的牢笼在前面等着你。旁观者说："大猩猩为何不再尝试一次？"作为看客，人们总是清醒的。但只有当他们身处其中时，他们才能体会到经验被无限放大时所产生的压迫和牵引的力量。就像在生活中，我们的创造力和想象力只在我们接触新事物的最初阶段才表现得较为旺盛，随着时间的延长，我们就开始了"经验的不断重复"。

直觉需要感性的参与，才能迸发出力量。如果你仅是依赖于经验做出判断，那么在解决实际问题时创新思考的能力一定会被限制。遗憾的是，很多人都是经验主义者，百分之百地信赖经验，遵循早已过时的规律，这样做就很难发现真正的问题。

以下这些实用的建议，可以帮助你在经验与感性的直觉间实现平衡：

## 1. 从直觉开始

假如一开始的分析就从理性出发，直观判断力就会受到压制。你准备实施一项新的计划时，可以先从直觉的角度对事物进行初步分析，以判断是否有必要进行深入的论证。

### 2. 接受不完美的决策

我们的目标是尽快做出决策，而不是追求完美。追求完美会让人瞻前顾后。我们如果一心想着做出完美的决策，就会迟迟拿不定主意。一个看起来不完美的决策总好过完美却拖延不决的行动。

### 3. 列出各个决策的优缺点，但不要写上得失的具体数字

从宏观层面考虑，我们先把各个选项的优缺点罗列出来，才能更快地做出决策。不要只顾着计算每个选项的详细得失，我们是要在多个选项中找出综合看来最好的选择，而非对比某一个细节。这对大部分工作来说，都是一条实用准则。

### 4. 利用心理层面的模拟思考

在心里展开模拟，设想每一个可能的做法：假如这样做了，未来会发展成什么样子？后果是什么？我们可以通过心理层面的模拟来降低决策的风险。这样即便出现最坏的情况，我们也能提前有所准备。

### 5. 听一听局外人的意见

无论何时都不能忽视局外人的意见，因为他们能协助我们做出客观的判断。你可以问一问其他人，你的做法是否具有意义？它可以帮助我们察觉自己是否丧失了客观立场。

### 6. 不要以"必要程序"取代直觉

"必要程序"非常重要，它是经验的结晶，但我们也要时刻凭直觉创造性地弥补程序的不足。越是经验丰富的人，越清楚程序的缺陷。复杂的决策流程往往会让人错失良机，因此我们要懂得何时摆脱规范程序，听从直觉。

## "做选择"之前的能力

通俗地说，直观判断力是一种做出选择之前的能力。在我们的问卷调查和与受访者面对面的访谈中谈到类似"做出自己的选择"这样的话题时，一些人总是对自己的思维方法和行动策略避而不谈，他们习惯于把问题上升到形而上的辩论层面，用一句简单的口号敷衍过去："做一个选择总比什么都不做要强。"他们会赢得与你的这场争论，但最终他们什么都做不成。

这样的逻辑被人们当作真理，人们用这种"打鸡血"的逻辑来掩饰自己在判断上的失误。在人生的大方向上，许多人都没有清醒的认识，他们看不到自己最应该做的事情，也找不到自己最应该坚持的方向。

一个人人都关心的问题是：成功的公式是什么？

人们习惯在深夜苦苦思考这个问题，甚至彻夜不眠地坐在书桌前为自己的计划画具体的行动路线图，期盼明天能用最少的付出取得最大的收获。人们总认为用一张蓝图、一个公式就能够让自己获得成功。

无论做什么，人们都渴望有现成的"公式"可以套用，不需要做过多的思考和艰难的抉择就能轻松解决一切问题。

在心理学家看来，这是人类拒绝清醒的一种表现。每个人都倾向于逃避真相，逃避困难，拒绝未知。这对我们来说，的确是一个大麻烦。

为了改变这种情况，我们需要对目标的本质进行重新定义。无论是短期目标还是长期目标，我们都要先停下脚步，重新审视自己正在做或将要做的事情。如果你能在最短的时间内做出对自己最有利的选择，那就意味着你对事物的感知能力非常强，因为你总能看到事物在发展过程中对自己有利的一面。

那么，我们在做选择之前需要一些什么呢？

### 1. 准确的判断力

一个人的各种能力（包括他对事物的感知、思考、记忆、推理、演绎等能力）综合起来，最终会体现在他的判断力上，这是人们经过长期的经验积累而形成的习惯性机能反应。最终，它在宏观层面上表现为我们的直观判断力。

我们需要时刻注意锻炼自己上述各方面的能力，其中包括认清局势的能力、敏锐的感知能力、推理能力、专注的能力、评估能力和管理情绪的能力。

通过针对性的练习而具备上述各项能力后，你就会发现自己以前的选择漏洞百出。因为相对过去，你会拥有更准确的判断力，能够使用最恰当的方式处理问题。从直观的角度讲，这意味着你快速感知问题的能力提高了。

## 2. 充分的准备

对每个人来说，精确的判断力都是非常重要的。因为这意味着我们能做出高效的选择，节省时间和资源。精确的判断能够帮助你预知事物的真假及事情发展的方向，比如一眼就能看出下属是不是在说谎，客户是不是给你带来了风险。

对直观判断力更为形象的说法就是有了一双"火眼金睛"，它能让我们迅速看清楚事物的本质，进而做出最好的选择。想要拥有这种能力，首先，我们要在事前做好准备，要及时清点自己掌握了多少信息，以及自己对这些信息做了多少分析。我们要全面地掌握当前能够收集到的所有信息。因为只有这样，我们才能清楚自己应该做哪些准备，或者要朝哪一个方向努力。其次，我们还需要在平时多训练自己在自信、冷静等方面的能力，并将它们结合起来。

在现实生活中，事物的发展总是复杂多变的，即便你做了充分的准备，也很难避免突发状况的发生，这时自信、冷静就能发挥作用。自信能让我们在遇到事情时不慌乱，冷静能让我们做出理性的决策并采用正确的应对方法。

## 3. 坚定而有主见

一位朋友曾说："感谢生命中那些让我付出代价的教训，因为它们使我对生活产生新的认知。"

我希望每个人都能拥有这种看待事物的态度和视角，但在生活中我们却经常看到一些人，他们会对你说，自己错过了一个很好的商机，并且十分后悔，由此还产生了许多消极的思想。但当分析其中的原因后，才发现是他们自己没有主见且不坚定。他们眼中看到的东西和别人没什么两样，因此被别人的意见所左右，从而失去了独立解决问题的机会。

还有一些人，他们很擅长做选择。他们在做选择时能够看到一些和其他人所见不同的东西，但结果同样以失败而告终。原因在于，他们做出正确的选择后却总是半途而废。这说明只有精准的直观判断力是远远不够的，还需要有坚持自己的观点并切实加以执行的能力。如果你仅仅是善于观察、擅长选择，最后很可能仍是一事无成。

# 02

第二章

直观的五个层级

## 聪明的分析——绕开经验法则

直观能让我们穿越"经验之墙"。经验有时会干扰我们看清新的事物，妨碍我们找到新的出路。有一个成语叫"另辟蹊径"，意思是开辟一条新路，比喻另创一种新的风格或新的方法。在分析事物时，我们只有绕开固有经验的层层阻碍，才能获得直观的见解。

在信息时代，即便是思考一个简单的问题，也不再是一件易事，因为在获取信息的方式变得更为便捷的同时，我们的专注力、思考能力和反省能力也在逐渐"碎片化"，且被削弱。这一切都拜互联网所赐——信息越丰富，人们反而越难看到关键信息。

与此同时，过去的经验起到了一定的负面作用。古希腊哲学家芝诺曾提出著名的"芝诺悖论"。

古希腊有一位伟大的英雄，名叫阿喀琉斯，他跑步的速度是乌龟的10倍。但是只要让乌龟在阿喀琉斯前100米处起跑，这位英雄将永远追不上这只乌龟。这是为什么呢？因为当阿喀琉斯追赶乌龟时，乌龟仍在向前爬行。当英雄追到乌龟的起点时,乌龟又前进了10米,英雄只能继续追赶。因此,英雄阿喀琉斯和乌龟之间总是存在一定的距离,无论这个距离多么小,英雄始终在乌龟后面,永远都追不上乌龟。

我们当然知道阿喀琉斯是可以轻松追上乌龟的,但这个悖论想要传达给我们的启示是:我们自以为真实的事情未必是真实的,那很可能只是一个障眼法,而经验有时候就充当了这样的障眼法。

在面对某些问题时,过去的经验会让你走进一条死胡同。虽然过去的经验没有错,但在新的问题面前它已经不适用了。那我们该如何正确地分析并直达结果呢?

一般情况下,人的直观判断力可以分为两个部分:

第一,直觉。我们在第一章中已经讲到了直觉的优点与缺点。

第二,洞察。洞悉本质,看到真正的结果,是启用直觉的目的。

将这两者结合起来,就是你通过本书获取的直观判断力。我之所以强调"聪明的分析",是因为个体本身作为条件反射的对象,必然会受到经验的影响。如果你不够聪明又喜欢循规蹈矩,总是基于条件反射去推理、判断,那么你就很难拥有洞察事物本质的能力。

德国哲学家伊曼努尔·康德将洞察称为"知性的先验",并认为"知性的先验"是超越经验的存在。他认为,"先验"是对事物本质的认知,直观地到达事物的内部,可以化繁为简地得出结论,即我们事先已经拥有对某一事物本质的认知,然后在接触该事物时就可以直接获得答案。

从康德的角度来看,"先验"等同于洞察。直观对人提出的要求是不仅能看到问题的本质,还能跳出经验的束缚,看到未来的变化。你要明白问题是什么、不是什么,以及问题是如何形成的,将来会如何变化。在这一过程中,要避免被无关信息干扰。

19世纪中叶,美国加利福尼亚州的一座金矿被人们发现。得到这个消息后,许多淘金者蜂拥而至。约伯·坎贝尔当时才20岁,他也是梦想着凭借淘金改变命运的人。但加州当地气候干燥,水源奇缺,淘金者在口渴时想找点水喝是很困难的,再加上遍地都是竞争对手,生活越来越艰难。许多不幸的淘金者不但没有发财,反而染上疾病,葬身于此。

坎贝尔和大多数人一样,没能在这里找到黄金,反而被饥渴折磨得生不如死。但坎贝尔不像其他人那样固执,他开始独辟蹊径。听到周围人对缺水满是抱怨,坎贝尔想到一个绝妙的主意:既然淘金的难度这么大,我为什么不去卖水呢?要知道这么多人都需要水,市场需求量是很大的。

说干就干,坎贝尔毅然决然地放弃了淘金。他将挖金矿的工具用于建水渠,将远方的河水引入水池后过滤成清凉、可口的饮用水。然后,他把这些水一壶一壶地卖给那些寻找金矿的人。

然而这并不是一件容易的事,当他刚开始着手做时,就有很多人跑来嘲笑他,说他算不清楚账:"卖一壶水才几个钱?比得上淘金的利润高吗?"坎贝尔对此毫不在意。他继续做自己的卖水生意。后来,大部分淘金者都没有发财,坎贝尔却靠着稳赚不赔、薄利多销的卖水生意成了当地腰缠万贯的富翁。

在众人看来,只有淘金才能赚大钱。这就是一条基于经验的法则。人人都去淘金,他们眼中看不到别的东西。如果坎贝尔不独辟蹊径,他可能一辈子都挣不到钱。只有把注意力从金子上挪开,才能看到新的路径,而这正是取得成功最好的思维方式。就像我们到山里去摘果子,如果你选择走大家走过的路,就不会有什么收获,因为好果子都被前面的人摘了。因此,只有走别人尚未走过的路,才能拥有更大的收获。

另外,我们想要彻底地绕开经验主义,还要做到以下两点:

第一,打破惯性思维的束缚。开始迈出直观智慧的第一步就是要打破惯性思维,我们无法独辟蹊径,往往是由于惯性思维的约束,因此我们需要反思自己思考中的惯性,重新调整思考问题的方向。

第二,在寻常事件中发现"不寻常"。绕开经验的障碍是一件很难的事情,它需要我们打破常规,细心分析那些寻常事件中"不寻常"的信息,洞察到能让我们眼前一亮的东西。

## 绝妙的主意——看到怎样开始

为什么有的人总是运气很好,而你始终运气糟糕?

为什么有的人总能看到未来,而你却摸着石头过河?

为什么有的人总能创造性地解决问题,而你却总是弄不清事情发生的根源?

我的朋友卡莱·派克曾在加拿大的一家咨询公司担任创意总监。他说:"抓住创新的源头是很难的,因为创造一样东西不仅需要灵感,还要洞察现实。什么是创造性地思考问题、解决问题?首先创造不同于创新,创新旨在未来,但创造还要洞察过去。它要求我们要能够看到一个问题是怎样开始的,弄清楚事物是如何演化至今天的,并且要掌握源头,读懂已经发生的所有细节,这样才能形成直观的创造力。"

他的体会是:"在大部分时间里,我们总是试图形而上地分析事物,在抽象的层面归纳自己的思维无从下手的事物。如果得不出答案就归咎于运气不好,觉得自己运气差而别人运气好,或者抱怨自己根本就没有天赋。人和人的这种思维差别非常明显。这是一种极为普遍的错误习惯,当人们搞不懂一个问题时,就把它假设成一个抽象的事物,并试图发散思维,碰碰运气。这样做的好处是,你能看到更多的可能性。比如一位广告设计师畅想怎样将一个模糊的词演化出多种表现形式,他似乎已经找到了无数种方法,并为此兴奋不已。但请注意,问题的核心是:客户需要什么。然而他并不知道哪种形式才是正确的,他没能明白客户的需求,并在此基础上想到一个绝妙的点子。"卡莱·派克的阐述很容易让人想到那些夸夸其谈的"知识分子"。这种人我们见到过很多,他们似乎什么都明白,却又什么都说不清楚。

正确的做法是:清醒地观察生活中那些基于现实的、不同需求之间的矛盾,分析它们之间的内在联系。只有当我们具备强大的分析能力之后才能获得创造力,进而对事物提出具有决定性的见解。

比如,我们要学会观察和思考生活中发生的琐碎事件:同事之间的冲突、老板奇怪的举动、事业和家庭的关系……诸如此类。任何事情都不是孤立的,事情的发生也总是有其合理的原因。

如果你无法找到它们的根本原因,你就无法对自己的生活、工作产生正确的认识进而进行创造性的思考。因此,能否做出正确的选择,不仅是由一个人的思考能力决定的,还与他对问题的洞察能力有关。

纳克博士是美国著名的教育家、心理学家、哲学家、发明家和科学家,在许多领域都有重大发现。他认为,人的脑力和体力都是可以锻炼的。通过恰当的方式,我们能够培养出灵活的心智。

一天，《成功》杂志的创办人奥里森·马登到纳克博士的实验室拜访，却被秘书拒之门外。

"非常抱歉，这个时候您可不能打扰博士。"

"请问我需要多久才能见到他呢？"

"我不知道，但至少需要3个小时。"

"我能知道原因吗？"

"博士正在静坐冥想。"

奥里森·马登非常奇怪。静坐冥想？这是怎么回事？他忍不住向秘书询问。秘书笑了笑说："这个问题您还是请博士亲自来解答吧！如果您不愿意等待，我可以帮您改约一个时间。"

奥里森·马登决定继续等下去。当纳克博士接见他时，他把刚才的疑问告诉了纳克博士。纳克博士说："你想去我静坐冥想的地方看看我具体是怎么做的吗？"说完，他便带着马登进入了一个隔音的房间。房间中仅放有一张桌子和一把椅子，桌上有几个笔记本、几支铅笔，此外别无他物。

对于这个房间的用途，纳克博士解释说：每当自己遇到困难百思不得其解时，就会走进这个房间，关掉灯，集中注意力开始冥想，让潜意识给自己一个回答。无论答案怎样，那都将是最贴近真相的。他说，有时灵感不一定马上会来，得花上数个小时等待。当脑海中浮现出想法时，他就会把灯打开，将这些想法记录下来。

纳克博士的经验是：集中注意力去做最重要的思考。运用这一方法，他对别的发明家努力钻研却没有成功的发明重新进行研究，并在自己的一生中获得200多项发明专利。

谈到这个案例时，我对史密斯说："如果一个人特别清楚自己想要什么，并且善于安排时间来集中精神思索，寻找突破点，然后立即采取行动，那么他一定是个特别具有创造力的人，他的大脑可以产生许多美妙的想法并把它们变成现实。也就是说，当经过具有针对性的集中思考之后，普通人也能得出很有价值的见解，前提是你愿意为此做出更多的牺牲、舍得投入更多的时间。"

史密斯想了想回答说："假如我每天挪出30分钟看电影的时间，一年我就有1万分钟可以用在其他地方。这么多的时间我能做些什么呢？简直难以想象！"

但由于我们的思想容易受到周围环境的影响，因此我们必须有一套科学的流程来控制这些因素对我们产生的影响，以便我们加强对注意力的控制，把精力全部投入到重要的事情上。

第一，你是否相信积极思考的力量？"我信，所以我能！"这是我推荐给读者开启直观判断能力的公式。你在面对任何挑战时，都应该具备"我信，所以我能"的意识，并把这个公式"植入"潜意识，然后积极主动地思考，迎难而上。积极的思考能让你想到绝妙的主意，消极的思考只会让你的观点变得平庸。我们要将这一原则运用到自己的工作上。

第二，你是否能发现自己的专长？专长不仅是工作中的技能，还是你思考中的优势。人与人之间的竞争不是比拼智商，而是在不同优势的基础上彼此发挥程度的比较。我们如果能在自己的专长领域发挥出80%的潜质，就已经触摸到属于自己的成功了。发现自己的专长，能让你比别人更快一步地把握未来。

第三，你是否能发现不同寻常的路径？大多数人在遇到问题时都会用科学的方法发现问题、分析问题、寻找证据并制订计划。这些都是常规路径，那我们能否找到科学却又不寻常的路径呢？这就要求我们要避开那些"看起来很好"的答案，进而去深入挖掘那些看起来冷门却又能高效解决问题的方法。

第四，你是否拥有强大的意志力？任何时期，意志力对大脑的影响都是重大的。如果说直观判断力是聪明的大脑，意志力则是将聪明才智转化为成功的可靠保障。梦想是你的终点，头脑是你的方向盘，决心是你的发令旗，意志力则是你的油箱。伟大的创造总是需要坚持到最后一秒，你做到了吗？

## 觉悟的意义——看到如何结束

海信集团的董事长周厚健因"技术控"的绰号而闻名。在谈到公司如何进行财务管理时,他表达了自己的观点:安全比盈利更重要,盈利比规模更重要;先要肚子,后要面子;在投资上要量力而行,绝不尽力而为;真实是财务的生命,绝不用一个错误掩盖另一个错误。

结果就是"怎样结束",看重结果意味着控制风险。周厚健的观点说明"务实的长远眼光"是计划的保证。不仅要看到成功的可能性,更要警惕失败的可能性。人的觉悟是为了什么?不仅是要找到伟大的梦想并为之奋斗终生,还要清楚安全与危险的边界在哪里,明白哪些事情是自己不能做的。

只有能够觉悟,头脑才能产生创造性的灵感。那么,什么才是觉悟呢?假如,史密斯在公司加班到凌晨两点,又跑到酒吧鬼混到黎明时分,然后跑来跟我说:"兄弟,我觉得生活没有意义,赚再多的钱都逃不过生老病死,还不如今朝有酒今朝醉。"他看到了每个人的结局，但这是觉悟吗？显然不是。如果他这么做了，我就会建议他去看医生。

真正的觉悟是我们在观察人们在生活中的行为后形成直接而有效的方法论，来正确地解释和预测这些行为，是领悟到实现理想最直接的"路径"，看到我们想要到达的"终点"。

未来并非不可预测，当一个人能够预测未来时，他便拥有了领悟的能力，而这也是一种应对世界的方式。你要跳出当下的局限，看清全局，看到自己的明天。同时，你也要清醒地迎接未来的变化——包括那些消极的变化。

在复杂的人生旅程中，一个人想要拥有领悟的能力的确很难。因为所有的因素都在加速变化，社会发展和激烈的竞争成为主流。而且，在这些变化中，每个人都在成长。这时你要做的并不是加快速度，而是要学会降速等待。一个在别人奔跑时懂得等待的人，才能真正看清未来。

那么，一个不擅长"等待"的人是什么样子的呢？

毕业于南京大学的许先生2013年到美国留学，他在加州州立大学求学3年，然后准备回国实现自己的梦想。许先生说："我的计划书都快发霉了。"我问他："你真的想好了吗？"他表现得异常坚定。同年秋天，许先生急迫地回国了。不到半年他又给我打来电话，声音有些沮丧："我以为自己准备好了，结果出师未捷身先死。为了一点蝇头小利失去整个大好的局面，结果前功尽弃。市场行情变化莫测，做起来才发现自己的知识储备不够，早知如此，我该再观察一年的。"

许多创业者对此感同身受。有些急性子的人一学到点东西、发现点机会就急于采取行动，从不判断时机是否恰当、自己准备是否妥当。失败之后，他们的理智和冷静又都不见了踪影，觉得世界天昏地暗，对未来没有一点信心，让情绪走向另一个极端。这便是不懂等待的后果。

从"妄想"中抽身而出，才能抓住真正的理想。人一旦有了雄伟的志向，就会日夜盼望梦想的实现，难以从幻想中清醒过来。只有巨大的挫折才能让他清醒，然而巨大的挫折也会让他梦碎，这正是人生的两难之处。做到冷静地对待计划并不是一件容易的事情，这不仅需要高超的智慧和具有远见的眼光，还需要冷静的自我审视、耐心的客观分析和强大的意志力。

有时一个人在有了梦想后其感知力会暂时下降，他的倾向性思考将努力说服自己去做点什么，失去等待的耐心。整个人就像钻进了死胡同一样，直到历尽磨难才恍然大悟：原来自己从一开始就错了。因此觉悟的第一步就是认清当前的形势，跳出不切实际的妄想。

不要局限于眼前，要看到长远的未来。就像周厚健在阐述海信集团的财务战略时所说的，"先要肚子，后要面子"，不要考虑太多"可能成功"的东西，人一定要看到长远的未来——尤其是可能失败的未来！随时做好失败的准备，做到能平静地接受最坏的结果，然后采取正确的行动，这才是觉悟的关键。

## 不同的路径——创建全新的思考系统

对实现直观判断力的思考路径，我举两个简单的例子。例一，股神巴菲特做出投资决策前，需要思考多少个问题？和他相比，我们又是如何判断一只股票是否值得购买的？面对同一只股票，为何我们会做出与他截然相反的判断？例二，当你需要搬迁到另一座城市生活、工作时，你是如何考虑、分析做出选择的？在选择的过程中，你重点参考的因素有哪些？为何搬完家后有超过65%的人后悔自己当时的决定？为何在离开北上广之后，某些人又有再回去的冲动？

这两个例子的答案很难直接进行分析，如果按照常规思路思考，我们可能永远都找不到结果。和巴菲特有过几十年合作经历的查理·芒格说："巴菲特平均思考492个问题才做出一个决策，这和我一样。"这意味着，即便巴菲特在投资一只不起眼的股票时也会思考许多问题，只不过他思考问题的路径与常人不同罢了。

路径非常重要。而对于思考的路径，我们必须提供大量客观的分析，用问题来解决问题，让大脑建立一个高效的反应机制。

比如搬家，这是一个重要的人生决定，无论对个人还是家庭而言都是如此。从调查中我们发现，当人们因工作需要搬迁到另一座城市时（距离超过200千米），年收入5万元到20万元之间的群体平均要用45分钟来做出选择；年收入20万元到100万元的群体平均需要2个小时来做出选择；年收入100万元以上的群体花费的时间平均达到1天以上，有时他们甚至需要花费数周的时间来综合考虑搬家的问题。

不过我们从收到的问卷中得出的信息是：人们更多考虑和讨论的问题是，新城市的收入和居住环境对自己的诱惑力，他们当中真正用对比的方式来权衡利弊的人少之又少。尽管人们嘴上会不停地对比两者之间的差别，但在潜意识中他们并没有把它们作为考虑的选项。

对下面这些问题，你是如何考虑的：

新城市的空气质量如何？
那里的交通和教育符合我的要求吗？
我能否负担得起当地的房价？
伴侣是否同意我的决定？
两地分居的问题如何解决？
孩子上学的问题如何解决？

这几乎是所有人都会考虑的问题，因为许多因素是互相关联的，我们甚至可以列出一个长长的问题清单。由此可见，人们在重大问题的思考上是多么轻率——即便这些问题对自己有着生死攸关的影响,他们也只是对这些问题进行一些程序化的分析,却从不深究它的本质。越是简单的因素越不容易被重视,人们很容易忽视那些深层次的因素。

比如,下面这些致命的、含有不确定性因素的问题:

这份新工作未来的前景是否值得我离开现在的城市?
我对未来的职业规划支持这个决定吗?
这只股票过去涨势良好,未来仍会持续上涨吗?
万一股票下跌,我的应对策略是什么?

人们在做最后的决定前,很少将这些问题纳入自己大脑的分析系统中。虽然它们才是真正影响未来的问题,但通常人们都将它们排斥在思维的路径之外,因此很难得出真知灼见。

然而,只有经历长期复杂的思考,才能得出接近本质的认知。这一点很难理解,也不容易做到,因为繁重的工作被大脑中的"搬运工"承担了,所以你完全没有意识到。你只看到像巴菲特那样的人轻而易举地就把问题解决了,却没有看到他对这一问题的思考过程。

真正聪明的人拥有全新的思维系统,他们会将大问题分解成更容易理解的小问题,并以此建立决策依据。其实你也可以像他们一样,以务实的问题清单来创建全新的思维路径,建立精确的判断系统。不论是买股票还是举家迁徙,或者是拟定结婚的日期,它都能帮你实现准确的判断。我们一起来看下面这个故事。

两个乡下人外出打工,其中一个人计划去上海,另一个人打算去北京。在候车厅等车时他们思来想去,又都改变了主意,因为他们听到旁边有人议论说:上海人精明,连外地人问路都要收费;北京人质朴,会施舍东西给那些吃不上饭的人,不仅给馒头,还送衣服。准备去上海的人心想,还是北京好,即便挣不到钱,也不会饿死;计划去北京的人则认为,还是上海好,给人带路都能挣钱,说明发财的机会多!

就这样,他俩不约而同地跑到售票窗口退票。原本要去北京的人改成了去上海,原本要去上海的人改成了去北京。

第一个人到了北京后,对当地的环境十分满意。刚到北京的第一个月他什么都没干,竟然也有饭吃,因为始终有人愿意救济他。时日一久,他便没了赚钱的欲望。他想:反正饿不死,就这么混着吧。

第二个人到了上海后,发现上海是一个可以发财的城市,到处都是门路和机会,给人带路可以赚钱,开公共厕所也可以赚钱。于是他在一个建筑工地装了十包含有一些沙子和树叶的土,然后取了个"花盆土"的名字,卖给那些养花的人。第一天他就赚了50块。一年后,他在上海开了一家小店铺。此时他又发现,大街上某些商店的楼面虽然亮丽,但招牌颜色较暗,他一打听,原来专业的清洁公司只负责清洗楼面外层,不负责清洗招牌。他马上意识到,这是一个商机。不久,他便开办了一家小型清洁公司，专门为商家擦洗店铺外的招牌。

几年时间过去了，现在他的公司已经有100多名员工，业务也由上海发展到上海周边的城市。一天，他坐火车到北京去考察那里的业务市场。刚下火车，就有一个捡废品的人拦住他，索要他手中的饮料瓶。两人四目相对，顿时都愣住了，因为站在他面前的正是几年前换票去北京的那个同乡。现在，那人已经流落街头，以捡废品为生了。

故事的结局是残酷的，对于同一个问题，人与人的想法不同，得出的直观判断也就不同，进而影响他们最终的命运。我经常对咨询者说："不要整天抱怨自己的种种不幸，说自己一无是处，不可能有所作为，实际上是你没有真正地认识自己。"思考的路径不一样，得出的结论就会有天壤之别。每当有人向我咨询"如何改变现状"时，我都会建议他："先不要考虑自己的现状如何糟糕，要先改变自己思考问题的方式。"

换句话说，就是让我们的大脑拥有全新的观念和逻辑。因为我们只有冷静下来重新审视自己，才有机会找到新的出路。

琼尼·马汶是一个加拿大的年轻人，他读书总是非常吃力，因此他认为自己很笨，没有别人聪明。对此他感到异常苦恼。在读高二时，他向一位心理学家求教："我一直很用功，可是没什么用。"

"问题就在这里，孩子。"心理学家说，"你一直都很用功，但进步不大，说明你再学下去也是浪费时间，成绩也很难变好。"

马汶急得用双手捂住了脸："如果是这样,我的爸爸妈妈一定会很难过、很失望的,因为他们一直希望我能有出息。"

心理学家听了,用手抚摸着孩子的肩膀说:"每个人都有自己的特长,你也不例外。我相信终有一天,你会发现自己的特长的。到那时,你就能让你的爸爸妈妈感到开心、感到骄傲了。"

听了这番话,马汶决定高中毕业后不再读书。他认为既然自己读不好书,就应该发掘自己的其他天赋。于是他后来替人整建园圃,修剪花草。没过多久,雇主们便开始注意到他不凡的手艺,纷纷请他干活儿。并且,人们还给他起了一个称号——"绿拇指"。凡是经他的手修剪过的花草都出奇的茂盛、美丽。就连市政府前面一块十分肮脏、污秽的场地,经他修整后也变成一座美丽的花园。这件事让他闻名全城。

转眼二十多年过去了,马汶仍然不擅长读书,但他已经成为一位著名的园艺家。

在人生之初,马汶因读书困难,就认定自己的人生是不幸的。他努力了很久,却仍然无法提高自己的学习成绩。在心理学家的分析和引导下,他改变了自己思考问题的方向,走出了"死胡同"。最终,他开始专注地发挥自己的特长,强化自己的优点,最终取得成功。是啊,每个人都有自己的特长,为何不将它挖掘出来呢?

全新的思考系统,意味着我们要用新的概念定义一些普遍的词汇,比如优秀。现实中大多数人认为有钱就代表优秀,因为有钱就可以买别墅、买豪车、买名牌奢侈品,拥有丰富的物质资源。功利主义者将"优秀"一词用财富诠释到极致,但真正卓越的人对优秀的直观认知则是:"我能实现自己的人生价值!"

不同的思考路径得出的直观判断有质的差别。不管是思考还是行动,如果你能开辟独特的路径,就能实现对复杂问题的解构,对消极的挫败感感到释然。你要相信自己能做得更好,并且以此形成一套自己的积极的思维模式,跳出功利的常识来看待世界,这样你就可以看到和别人不一样的东西了。

## 通达的智慧——看到最终的命运

我在华盛顿给一家投资机构的雇员讲课时,用狼做比喻阐述了他们所追求的文化。我说:"有两只狼来到草原,其中一只狼很失落,因为他看不到羊,这是视力问题;另一只狼却很兴奋,因为他知道,有草的地方就一定会有羊,而这是视野问题。"为什么我会讲狼的故事呢?因为世界上所有的投资机构都追求"狼性文化",主张像狼一样对工作充满"贪婪的欲望"。但即便是狼性文化,也存在判断及执行层面的差距。一流的狼具有涵盖整片草原的眼光,三流的狼眼里只有一只羊。

通达的人往往拥有宏大的视野,这就是直观的最高层级——看到最终的命运。拥有宏大的视野能让我们超越现状,看到问题的终点。每个人都有眼睛,但不是每个人都有眼光;每个人都有脑袋,但不一定每个人都有智慧。

法国著名哲学家笛卡儿认为,智慧源于心灵的直观。心灵的直观难以实现,因为它代表着一个人彻底洞察了自己周围的世界,实现了对人生的顿悟、对生活的终极思考,也看到了事物的本质。

这是判断力的最高境界，是通往直观的必经之路，也是思考的最高层级。

## 什么是通达？

### 解释1：通达是一种思考的顿悟

对问题，你可以做到释然；对挫折和坎坷，你可以做到平静；对成功与荣誉，你可以做到自制；对变故与起伏，你可以做到坚定。

### 解释2：通达是一种心灵的淡泊

你要控制自己的欲望与野心，用波澜不惊的心态面对诱惑，淡泊名利。能做到这一点，你就实现了通达。因为你懂得了物极必反的道理，看到了世界的本质。

我们若获得了对世界最直观的认知，在生活和工作中就少了无谓的幻想，多了几分宁静。一个人若达到了心境平和的境地，也就做到了心无所往。拥有通达智慧的人，在出发前便已抵达，因为他从不会去追求那些无法触及的东西。

# 03

第三章

重新定义你的思维方式

## 超越理性

经常有人会向你请教一些事情，但当你提出建议时，他们却总说"做不到""不可能""不现实"。我也经常遇到类似的情形，感觉哭笑不得。后来我学会了适当沉默，再有人来问某件事情该如何做时，我就拒绝回答。被问的次数多了，我就开始分析他们思维上的弱点。

当面得罪人不是好事。比如我的朋友莱温说："你不要总是批评别人，也该提些建设性的意见。你得告诉他们这是什么问题，让他们学到点东西。"建设性的意见一直不被人看好，不论是在办公室的会议中，还是在生活的讨论中，你所看到的东西并不意味着别人也能看到，你认为重要的部分在别人眼中也许一文不值。这和我们的思维方式息息相关。事实上，直观也是我们思维的一个环节。

我们可以先让自己拥有三个"超越方式"，再重新定义思维方式。这三个"超越方式"是什么呢？

第一，超越生存的本能，拥有理性思考的能力；

第二，超越传统经验，培养自己的独立人格；

第三，超越理性，实现直观判断的自觉。

理性为何难以超越呢？这是因为我们在成年之前都是靠生存的本能和大人的照顾生活的，因此注定对经验和权威有着强烈的依赖感。人是感性的，也是自私的，有时看到喜欢的物品就想占为己有。人天生具有自利的本能，欲望永远得不到满足，同时也极其依赖他人，喜欢向强者靠拢。

进入学校以后，我们开始接受教育，渐渐明白"这个世界并非由我主宰"的事实，并且开始学习社交规范，形成固定的思维模式，有了看待事物的标准和价值观。这时我们就有了较为成熟的"自我"意识，变得越来越社会化，想要变得独立，开始摆脱本能对自己的支配。但这时我们的理性仍然没有彻底建立起来，只是徒有成熟的生理机能，心理层面仍停留在青春期甚至更早的时期。

从某种程度上讲，理性并不是成熟的标志，而是告别过去的人生。从小学到中学，从大学毕业到步入社会参加工作，我们看待世界、思考问题的程序变得越来越复杂，顾虑也越来越多，我们认为这就是理性。这是很关键的问题，就像那些向我请教却又不相信我所给出的答案的人，他们需要超越这种所谓的理性，才能离直观判断更近一些。

为什么现代人的思维时常都不成熟？因为我们从社会和传统的文化中学到的经验一向不鼓励人们快速走向成熟。实现理性就已经很难了，更别提超越理性。直到今天，很多人虽然已经出人头地，却还是会被生存的本能驱使，做一些傻事。

下面两个方面是导致今天人们的思维不成熟、达不到理性高度的原因。

第一，由于顾虑重重和"自利主义"的作祟，人们放不下的东西太多了，全是思想包袱。

第二，许多人最大的快乐就是赚钱，而不是修炼思维。他们对世界充满好奇，却从不思考如何理解这个世界。

著名哲学家李泽厚在《中国古代思想史论》中提到"实用理性"这一概念，并这样描述：实用理性关注现实，不做纯粹的抽象思辨，也不允许非理性横行，对事物强调"实用""实际"和"实行"，满足于解决问题。在实用理性的构建下，人的行为模式是清醒的、冷静的、进取且功利的，在工作和生活中皆是如此。虽然我主张超越理性，但这并不是让你脱离实用，而是强调超越功利的感知，直面事物的本质及本源规律。

## 如何思考新事物

在美国经历了几次重大的生意失败后，我渐渐养成了新的思考习惯：不再从可能的失败中思索善后的问题，而是从可能的问题中搜寻它的积极意义。比如，遇到不如意的事情时我首先会想：既然它已经发生了，那它有没有什么好处？假如存在积极的意义，我能否找到它？我还需要在哪些方面提高自己的水平？

当我建立起超越理性的乐观态度以后（实用理性此时会建议你趋利避害、减少损失），遇到挫折时，我难过的时间就缩短了，不再像从前那般忧虑，而是变得更容易从逆境中找到出口，拥有了真正可以改变局面的能力和读懂事物发展规律的力量。随着一次次地重复这一过程，我不再像从前那样情绪低迷，自暴自弃。

我们在面对世界的变化时，要对变化带来的成长机遇保持好奇心，要勇于迎接不可预知的变化，要为全新的变化感到惊喜万分。我们只有调整自己的思维模式，提升视野和眼光，才能让自己看到不一样的东西。

我们还要具备适应"新秩序"的新思路。新事物会带来新秩序，新秩序也会产生新矛盾，我们必须跳出原有的思维框架，用全新的眼光去看待问题，才能使新的问题得到解决。

圆珠笔是现在人们普遍使用的书写工具，它十分方便且价格十分低廉。但是，圆珠笔曾一度被认为是"看不到前途的发明"。1938年，匈牙利人拉斯洛·拜罗发明了圆珠笔。1945年，美国人密尔顿·雷诺兹又对它进行了改进，但始终没有解决漏油的毛病，因此当时它没能得到广泛的使用。

一时之间，解决圆珠笔漏油的问题成了人们的一大难题。人们都用常规思路去思考、分析圆珠笔漏油的原因，看是否有解决的办法。但漏油的原因其实很简单，一支圆珠笔的笔珠在写了2万多个字后，就会因过度磨损而蹦出，油墨也就跟着流了出来。

基于这个原因，科学家们首先想到的是增加笔珠的耐磨性，因此不少生产厂商投入大量的经费，希望可以发明出耐磨性更强的笔珠，他们中有的还采用不锈钢甚至宝石来做笔珠。笔珠的耐磨性虽然提高了，但又出现了新的问题：在长时间使用的情况下，由于笔芯头部的内侧与笔珠接触的部分被磨损，最后还是会产生漏油问题。

这时，日本的一位研究人员、发明家中田藤山郎站了出来。他说："既然圆珠笔在写到2万多个字时会开始漏油，那么我们控制一下圆珠笔的油墨量，让一支笔芯只能写到1万5千字左右，问题不就解决了吗？"

中田藤山郎的这个办法非常巧妙地解决了圆珠笔的漏油问题。面对新生事物，他及时转变思路，舍弃固有思维，从另一个角度展开分析，提供了一种全新的解答方法。

俗话说："兵无常势，水无常形。"那些懂得开辟新思路的人总能先行一步，看得更远、更透彻。

我们要学会用理性的眼光感悟新世界，洞察新规律。

加州大学有位高才生在毕业两年后自杀了，在他遗言中有这样一句话："我眼中看到的全是灰暗，我无法适应这样的世界，再见！"

因为世界不符合自己的预期，他就做出了离开这个世界的决定，这样的思维方式是永远无法适应外界的变化的。即使给他一个很好的环境，将来他也会产生厌世的想法。人生在世难免会有很多烦恼，但快乐与否皆取决于我们的内心而非外部环境。

如果用理性的眼光看待世界，你就会发现：正是那些挫折让我们懂得道路坎坷，需要谨慎而行；也正是那些磨炼让我们懂得，人的意志到底有多顽强。

每一场苦难都是一次锻炼，每一次心酸都是一次成长，每一个曲折都是一次前进。

小男孩看到路边的一棵小树上有一只茧在蠕动，他知道里面有一只飞蛾想要破茧而出。他饶有兴趣地停了下来，准备见识一下飞蛾破茧的过程。

他看见飞蛾在茧里奋力挣扎，像被捆住了手脚，似乎再也无法破茧而出。他又着急又心疼，于是他决定帮飞蛾一下。

小男孩找来一把剪刀，将茧剪出一个小洞，好让飞蛾可以从洞中钻出，从而摆脱茧的束缚。他的确帮了大忙，飞蛾很快就从茧里爬了出来。但小男孩发现，飞蛾只能跟跟跄跄地爬，却无论如何也飞不起来。

为什么会出现这种情况呢？

生物学家研究后发现，飞蛾在由蛹变成幼虫的过程中，它的翅膀是十分脆弱的。只有在破茧而出的阶段经历一番挣扎，才可以让翅膀变得强壮有力，获得飞翔的能力。小男孩并不明白这个道理，他从飞蛾的痛苦中看到的是困境，而不是必须经历的磨炼。所以他的出手相助看似帮助了飞蛾，实则却是害了它。

未曾经历过痛苦的飞蛾永远无法飞翔，人生也是如此。生命中的不如意正是为了告诉你：你的缺点还有哪些，你需要注意的问题还有多少。

如果你能想到这些，你就能为自己的思维和视野构建一个新模型。"艰难困苦，玉汝于成。"这八个字讲的便是人在困境中的蜕变，这是从旧到新的必然体验。

从这个故事中，我们还要学习两个人生经验：

第一，为了获得张力，我们往往要顶住暂时的压力；

第二，在压力面前看不到未来的变化，就会表现出对环境的不适应。

本书强调的直观判断力，其核心是鼓励人们用进取的态度来看待生活中的种种问题，在困难中找到助人上进的鞭策之绳。我们与其自怨自艾，颓废度日，不如把这些时间用来充实自己、完善自我，在失之东隅的境况下收之桑榆。

## 用问题否决"问题"

如果一个人要贷款买一栋超过自身偿还能力的房子,在签署合同时他应该看到的是还款问题,而不是想着"如何装修我的房子"。但现实中人们的反应则正好相反,我发现许多人在想到"即将拥有一所自己的房子"那一刻会激动得全身发抖,丝毫没有想到未来能否支付贷款的问题。

我们要评估自己能否识别并应对事件本身存在的风险问题,而不是在他人的鼓动中失去对问题的辨识能力。

几年前,我的朋友陈先生到洛杉矶做生意。那时他的事业处于转型期,新成立的公司运转不顺,钱没赚到多少,还欠了一屁股债。他一度心灰意冷,想要放弃在美国的尝试,重新回国内发展。

深夜无眠时,他打来电话同我诉说内心的惆怅。而我和他讲了下面这段话:

> 不管在中国还是美国,你都会遇到很多问题。不管是顺境还是逆境,每个人都会遇到很多,因为问题永远

存在。关键不是这些问题,而是你能否辨别这些问题的本质,然后去解决它们。所以在面对问题时千万不要逃避,该处理事情时就去处理,处理不了的就放下,但问题造成的后果要敢于承担。你要直接一点,别把问题搞得太复杂。

他遇到问题时先想到的是"我要不要逃避",由此想到的解决方法当然是错误的,因为直觉中的冲动让他想走没有压力的捷径。习惯性的逃避已经成为一种普遍现象,正因如此,人们才会在紧急时刻看不清事情的本质,头脑才会变得迟钝。

对于直观判断来说,"看清问题的本质"远比"得到答案"更加重要,因为即使得到了答案,也未必就能找到方法。只有真正懂得如何提出问题、分析问题、解决问题,你才能得出最后的结论,找到解决问题的最佳途径。

面对问题时,不要为了逃避痛苦而屈从于任何鼓励、原谅自己逃跑的理由。人生就像千奇百怪的闯关游戏,你要越过许多你从没见过,甚至从没听说过的陷阱,没有退路,也没有资格当逃兵。因为即便你对它视而不见,它也会在那里,你早晚都要面对它。

因此,你遇到问题时,应该先问问自己:我怨天尤人,感慨自己运气不好,就能解决眼前的问题吗?

然后,你可以假设这个问题是存在的,积极调动思维去探寻它的本质并发现问题本身的破绽。因为只有正确地面对问题,你才能真正地解决问题。就像打游戏需要通关一样,不论是生活中的琐碎小事还是工作中接连不断的任务,你都要认清一个事实:逃避不会带来成功,只会带来失败。

一般来说,面对问题时要坚持以下四个原则:

(1)不要急于承认问题,要先提出质疑;
(2)承担自己应当承担的责任,但也要努力收集真实的信息;
(3)在尊重客观事实的基础上,制订出有力的计划;
(4)采取灵活的行动高效地解决问题,省略一切不必要的环节。

在很多场合我都强调过这四个原则。它们看上去非常简单,但极少有人能同时做到。因为逃避痛苦是我们的天性使然,也是影响我们直观判断的关键因素。人们在思考问题时注意力容易分散,从而导致更多新的问题出现。

我们需要警惕的是,许多人习惯于直接承认问题的存在,并且拒绝采取有效的行动。他们的想法是:"哦,好吧,我什么都不会做!"因为他们无法跳出问题思考:"事情真的是这样吗?"

## 一、从思维方式的"黑屋子"走出来

普林斯顿大学的一位教授谈到这个问题时说:"人们给自己建造了一座牢房,把大脑装进坚固的牢笼里,从外界进入的信息都要经过特殊的过滤,由固定的思考逻辑进行加工,再得出一些似是而非的结论。外面的世界在他们眼中已经定型了,因此,他们看到的东西总是一副老样子。他们不会在今天考虑昨天的常识是否正确,只会困惑为何有些道理今天行不通了。"

近几年我经常去世界各地出差，见过许多非常易怒的办公室精英。他们习惯了过去的成功经验，面对突如其来的问题时总是束手无策，要花费很长时间才能看到问题的本质，然后慢慢地思考解决问题的方法。在出现问题时，他们的情绪总是失控。比如，扔掉手中的文件，对着同事发火，或是拿起电话怒骂几千千米之外的人。面对分歧时，人们很容易产生情绪波动。这意味着他们的思维被放在一个密不透风的"黑屋子"里，无法接受新鲜事物，无法看到那些真实存在的问题。

只有极少数的人能从"黑屋子"里走出来，探索、更新自己对世界的认知，他们就是那些一直在努力学习的人。在这个过程中，他们能够不断提高自己的直观判断力，尽可能地了解世界，从而高效地生活和工作。当然，这需要我们克服对未知事物的恐惧，忍受打造一种全新的思维模式所带来的痛苦。

## 二、看见，并且正视另一个自我

某知名企业有一项"诚实法则"，他们要求每一名员工都要诚实地面对自己，因为只有这样才能高效地处理工作任务，解决遇到的各种问题。诚实是一种高贵的品质，也是人们潜意识所追求的目标。因为诚实能让人坦然地面对外部世界，敞开心扉去接收不同的信息。

你不要做这样的人——因为自己是权威，是领导者，就不容许别人有质疑。

你不要做这样的人——因为问题已经发生了，就认为无法改变，采取放任的态度。

你不要做这样的人——因为努力后却没有成功，就怪别人跟你过不去。

你不要做这样的人——因为问题不是自己的，就不听取别人的建议，或者直接拒绝合作。

如果我们一味地故步自封，问题就会像老鼠一样存在我们的大脑中，为了成长而啃光我们的才能。我们只有超越问题本身，提出不同的疑问，反思自己的判断能力，才能实现真正意义上的直观判断。当你能够做到诚实地正视自我，现实客观地评估自己，才能将内在的力量完全地释放出来。

## 三、为自己创建"批判性思维"

批判性思维到底是什么？

（1）对事物基于理性地审视，不盲目行动；
（2）基于建设性质疑的初衷，不屈从于诱惑、贪欲、情感和偏见。

批判性思维的目标是什么？

（1）针对问题得出正确的结论，让人做出明智的决定；
（2）使人提出意见、做出判断，并得出结论。

重要的是，它倾向于让思考的过程接受理性的评估，省略不必要的步骤，然后直接得出结果。

我们为什么需要批判性思维？

思维学家解释说："批判性思维是对思维展开的思维。"这正是我们进行批判性思考的目的，它能考量我们自己（或者他人）的思维是否符合逻辑，是否符合高效的标准。用批判性思维来审视问题，能够起到出乎意料的效果。

## "分析型思维"败下阵了吗

在心理学上,思维是人们借助语言对客观事物的概括及间接的反应过程,它以感知为基础,但同时又超越了感知的界限。通俗地说,思维的基础就是我们对事物的直觉,但在得出判断的过程中,它又超越了单纯的直觉,经由理性分析与探索发现事物内在的本质联系和规律,最终做出正确的判断。

一个阿拉伯人和骑骆驼的同伴一起去沙漠,结果不幸与同伴失散了。他找了整整一天,同伴踪迹全无。傍晚时,他遇到一个路人。阿拉伯人便上前询问对方是否见到与自己失散的同伴和他牵的骆驼。

路人问:"你的同伴有些胖,而且脚有残疾,对吗?他手中是不是还拿着一根棍子?他牵的骆驼只有一只眼睛,背上还驮着枣子,是吗?"

阿拉伯人很高兴:"对!你说的就是我的同伴和他牵的骆驼。你是什么时间看见的?你知道他往哪个方向走了吗？"

路人回答："很抱歉，我并没有看见他。"

阿拉伯人一听就急了："你刚才还详细地说出我同伴和他牵的骆驼的样子，现在怎么又说没有见过呢？"

路人平静地说："我确实没有看见过他。但我知道，他在这棵棕榈树下休息了很久，然后朝叙利亚的方向走了。而且这是发生在3个小时以前的事。"

阿拉伯人感到更加奇怪和生气了："你既然说没有看见过他，那你又是如何知道这一切的？"

路人解释说："我是从脚印看出来的。你可以看看这个脚印：他的左脚印要比右脚印大一圈，且深一些，这就说明脚印属于一个脚有残疾的人。你可以对比一下他的脚印和我的脚印，他的脚印比我的深，这是不是表明他比我胖？你再看，骆驼只吃掉它身体右边的草，说明这只骆驼只有一只眼睛，它只能看到路的一边。"

阿拉伯人又问："那你又是如何确定他是在3个小时前离开这里的呢？"

路人笑着指了指旁边的树说道："你可以看一看棕榈树的影子，在这么炎热的天气下，没人会坐在太阳光下的。因此我可以肯定，你的同伴曾经在树荫下休息过。所以我能够推算出，阴影从他躺下的地方转移到我们现在站着的地方，这大概需要3个小时。当树底下不再凉快时他就起身走了。"

阿拉伯人这才恍然大悟，赶忙朝叙利亚的方向找去，果然追上了他的同伴。

这个路人显示了他出众的分析型思维能力。如果他不讲述自己的分析过程,而是直接告诉阿拉伯人结果,阿拉伯人也就不会觉得他是一个非常神奇的家伙。在直观判断能力提高的过程中,分析型思维起到了核心的作用。我们要做的不是摒弃分析,而是尽量缩短分析时间,提升分析效率。

现实生活中,人们只有通过媒介才能认识客观事物,借助已有的知识、已知的条件和经验来推测那些未知的事物。媒介在信息传递上有着不可替代的作用。我们所认为的客观,无论如何都摆脱不了媒介的影响。也就是说,世上没有绝对客观的认知。

传播媒介通常分为两种:一种是无形的,即信息和观念,它们传播其他信息和观念;另一种是有形的,比如人、媒体平台、手机等,它们起到中介的作用,同时也会对信息进行加工。所有的媒介都会向我们传达信息,帮助我们搜集做出判断的资料。离开了媒介,我们的判断力就无从谈起。

## 一、直观是高度概括性的思考

不管是人的灵感乍现还是动物的应激反应,都具有高度的概括性。它表现在个体对某类事物非本质属性的摒弃及对其共同本质特征的喜好。而这种偏好一定会影响个体对事物的宏观印象和想法。

通俗地说,人们在观察事物、思考问题时喜欢找寻它们(同一类)共同的规律,以此来形成经验,再运用到相同的事物和问题上。而这些是源于人的本性中的"偷懒基因"。

你真的认为直觉不需要运用理性的分析吗?

当巴菲特开始计划投资某只特定的股票时,他的技术团队会立刻行动,夜以继日地搜集、统计近几年来关于这只股票的各种数据,做出各种表格,再用数据模型进行分析。在巴菲特看来,虽然严密的技术分析有时是必要的,却也不是让他做出决策的直接条件。因为巴菲特会拿到这家公司的年报——去年的、前年的,或许还有一些其他股市投资者通常不会留意的材料,然后直截了当地做出是否购买这只股票的判断。

巴菲特的成功依据的是他多年的经验形成的基本规律,即理性的直觉。他的理性分析依据的是更为有效的证据,而非传统经验。他认为,用比较分析的方法能得出精确的数据,但这些(某一阶段的数据)在股市上往往是不适用的,且具有极大的欺骗性。因为除了上帝,没人能根据数据预测未来。

他的方法是"分析人心"。对于股票的走势而言,人们对市场的信心非常重要,信心影响价格的未来,但同时也需要人们直接看到这家公司的经营状况。巴菲特说:"更重要的是,你要清楚究竟是什么人在管理公司,如果我能了解这方面的信息,那么就足够了。"凭借这种准确的分析,他的投资生涯少有败绩。

美国教育心理学家杰罗姆·布鲁纳说:"过去,人们在教学中只注重发展学生的分析思维能力,而现在我们应该重视发展直觉思维能力。"他对比了两者的区别:"拥有直觉思维能力的人,倾向于从事创新型问题的研究，它不是以仔细的、规定好的步骤前进为其特征的，虽然略粗糙，但更快速、直接，更容易直达本质。"

但有一个问题：在人的直觉型思维和分析型思维中，哪种方式更能直观地得出正确的结论呢？

直觉型思维更多依靠的是人们根据第一印象对问题的判断及经验沉淀的概括，在瞬间对事物和问题进行定性，并找到最终的解决方法。

分析型思维在特征上表现得更为理性、谨慎一些，如果没有明确的证据，就很难得出结论。和前者相比，后者在速度和效率上均处于下风。

在本书中，我们的宗旨便是与读者一起探讨如何及时发现问题并判断问题发生的根源。这就是我们追求的直观判断力。而且，直观判断力并不只有顶尖的成功者才具备，实际上挖掘直觉的潜力对普通人来说并不难。

通过直观的路径，以知识和经验为根据，我们可以实现思考的跃迁，从而绕开经验和常识的壁垒，直达终点。

直观在思维层面上主要体现在以下三个方面：

（1）实现思维的跃迁，从浅层思维过渡到深层思维；
（2）越级思考，略过不必要的步骤，节省时间成本；
（3）找到捷径，拨开云雾见明月，直截了当地看清事物的本质。

迅速解决生活和工作中的问题不仅是一种天赋，更是可以在后天训练中获得的特殊本领。我们应该尽早学会这种本领。

在直观能力的运用中，只须得到"证明事物本质的方法"，不需要去分析和计算。比如，当你看到一个苹果落到地上时，要立刻意识到这是地心引力的作用，你并不需要去计算引力是怎样发挥作用的。就像我们听到雷声时就知道可能会下雨，而不需要分析雷声和下雨的关系一样。

## 二、直观的路径

假如有一条路径可达到直观，那它存在于何处？

我到一家传媒公司探访，一位设计师这样认为："当老板气冲冲地把一个任务扔到桌上时，我所有的灵感都消失了。我无法想象如何在他规定的时间内完成任务，我能做的只是在画板上不知所云地涂抹，或是趴在某个地方发呆。"

从他的角度看，直观就是灵感的代称。没有灵感，即便给他几百万元的奖金，他也想不出一个简单的创意。

我发现，人们一旦离开电脑、手机、图纸和自动化程序提供的数据，大脑就会瞬间退化到蒙昧状态，对之前得心应手的事情也会立刻觉得无从下手了。

这个问题，我该从何处入手？

这件事情，我该如何判断？

没有电脑的帮助，我的结论正确吗？

此时人们才能明白"分析"到底意味着什么。如今我们的大脑就走上了一条依赖电脑程序的不归路，自我的分析功能被电脑替代，人变得越来越懒，只懂得浅层思考，根本无法洞察事物的本质。

为了强化直观的思考能力，更加便捷、高效地解决各类问题，我们需要找回自己的直觉，因为直觉具备强大的正面效用，它对各个学科的研究者都起着非常重要的作用。

因此，"分析型思维"并没有败下阵来。相反，它与直观紧密结合且互为补充。

## 三、如何做出接近正确的判断

做出正确的判断是非常困难的，正如前文所述，直觉思维和分析思维共同形成了我们的直观判断力——你的思维方式是怎样的，直观就会体现为相应的判断模式。

直觉会以大量的经验和历史分析为前提，做出最接近本质的判断，而以数据为依托的分析型思维则对我们最终的结论起着决定性作用。

我们要想得出尽可能正确的答案，首先，需要依托直觉的判断获得初步结论，它会提供一个方向；其次，再用分析的方法进行理性的思考，最后做出成熟的决策。

我们想要拥有对事物的直观洞察力，可以通过以下两个方面来实现。

### 第一，养成思考的习惯，为直观判断积累"素材"

灵感不会凭空产生，它是大脑点点滴滴的积累。许多心理学家和成功人士都强调直觉在判断上的重要性，但他们没有告诉你——

灵感来自长时间的观察、思考和碎片式的分析，它需要建立在平时勤于学习和分析问题的基础上。比如人类历史上伟大的发明家们，他们的发现和创造都是在长时间地思考、钻研的过程中突然得出的，最后他们再用实验和分析的思维去证实。一个平时懒于思考和观察的人，他的思维方式也是钝化的，不可能对问题产生直观、正确的理解。

### 第二，要有持久的自信和勇气

你要自信地面对生活，要敢于猜想事物的各种可能性，并使这些猜想向合理的方向发展。换句话说，你要敢于怀疑，敢于提出自己的看法，然后大胆地分析。比如，那些升职较快的人并不是平时埋头苦干、执行力最强的人，而是敢于挑战公司传统制度、提出创新性见解的人。我们要勇敢地质疑那些阻碍我们直观判断的常识和障碍，为自己创造必要的"创新性"思考条件。长期重复这样的训练，有朝一日你也可以对事物产生直观的洞察力。

# 第四章 04
## 新时代的卓越判断力

## 直觉的"指南针"

在这个世界上,每个人的生命、时间、精力都是有限的,人很难在有限的生命里做出令人铭记的成果,绝大多数人只能默默无闻地过完一生。即使你很强大,你也无法长生不老,很难有足够多的机会去改变身边的世界。

因此,我们必须珍惜时间。你在懂得时间的宝贵后,对问题的看法就会发生翻天覆地的变化——原来我在错误的流程上浪费了这么多时间!

一件特别简单的事情,我把它想得无比复杂,为此投入过多的精力;原本单纯的关系,我却以小人之心度君子之腹,酿成了大麻烦……诸如此类的种种情境,都是我们在违背直觉。有时候直觉会告诉我们应该做什么,但在实际的行动中我们却没有遵循它的指引。一个拥有精确判断力的人,不会将有限的时间虚耗在那些没有意义的事情上。他不会遵循别人信奉的教条,而是遵照正确的价值观和解决方法。

这正是本章的宗旨——不要被那些似是而非的东西改变方向,

鼓起勇气，跟随心灵与直觉，它们知道你想成为什么样的人。

苹果公司的史蒂夫·乔布斯一手带领苹果走出危机，并且走向了辉煌。可以说，没有乔布斯，就没有今天的苹果公司。他的名字将永远与这家公司融为一体，为世人所知。乔布斯获得成功的重要原因是什么？不是他拥有丰富的电子科技知识，也不是他对电子产品发展所具有的深刻认识，而是他有精确到极致的判断力。

他曾经在斯坦福大学的毕业典礼上做过一次演讲，其中他提到一个人成功所需要的重要品质，他说："我们的时间很有限，所以不要将时间浪费在重复其他人的生活上。不要被教条束缚，那意味着你将和其他人思考的结果一起生活。不要被其他人喧嚣的观点掩盖你内心的声音。最重要的是，你要有勇气去听从直觉和心灵的指示，在某种程度上它们知道你想要成为什么样子。与之相比，其他的事情都是次要的。"

重要的是听从自己内心的声音，然后坚持下去。内心的声音藏在什么地方？就在直觉隐藏的房间里，我们要努力把它释放出来，帮助我们做出重大决定。

对此，你要相信以下几点：

我是独一无二的！
我是简单高效的！
我是洞察本质的！
我是坚持己见的！

提出以上四点是为了强调自我的直觉对思考和判断的决定性意

义——我已经看到问题的本质，我有充足的理由说服人们相信此观点。每当有人向我请教对某些问题的见解时，我会从给他们信心的角度来启发他们的直觉。

一次，我对史密斯说："为什么乔布斯那么固执地要做好苹果公司？不是他觉得自己一定能成功，而是他认为这是他一生应该坚持的事业。这是信心的问题，无关对错。因此，当苹果公司陷入困境时，乔布斯并没有灰心。同理，扎克伯格也是这样的人，他们都相信自己的想法是独一无二的。"

为何你没有这样思考问题？这值得我们反思。我们对生活、工作和社会问题都有自己的见解，你可以说这是一种轻率的直觉，也可以说是一种不成熟的论断，但你为什么不自信地表达出来呢？

就像世界上没有两片完全相同的叶子一样，世界上也绝对找不到另一个和你一模一样的人。因此，在开口之前，你不要总是盯着别人，不要迷信权威，也不要依赖过去的经验，要勇敢地相信内心的直觉，创造自己的全新观点。当别人跟在你的后面时，你就已经获得了成功。

罗马纳·巴纽埃洛斯是美国第34任财政部部长，这位来自墨西哥的女性年轻时明艳动人，16岁便与丈夫结婚。婚后两年中她生了两个儿子，但后来丈夫离家出走，她只好独自支撑家庭，生活十分艰苦。

在煎熬中，她下定决心要为自己和孩子创造一种体面的生活。于是，她拿出自己的积蓄，和孩子跨过里奥兰德河，来到美国的得克萨斯州，在埃尔帕索安顿下来，并在一家洗衣店找到一份工作。虽然一天只能赚到1美元，可她始终没有忘记自己的梦想——在贫困的阴影中创造出一种受人尊敬的生活。

为了实现梦想，她怀揣仅有的7美元，带着两个儿子乘坐公共汽车来到洛杉矶寻求更好的发展机会。在这里，她做了各种各样的工作，从刚开始的洗碗，到后来能做什么就做什么，她拼命地攒钱。在好不容易攒够400美元后，她和自己的姨妈共同买下一家拥有一台烙玉米饼机的店面，准备制作玉米饼销售。后来她的生意非常成功，还在当地开了几家分店。接着她买下姨妈的股份，独自经营，逐渐成了全美最大的墨西哥食品批发商之一，拥有员工300多人。

罗马纳和孩子在经济上有了保障后，她便把精力转移到提高美籍墨西哥同胞的地位上。她认为要实现这个目标的方法之一就是创办一家属于自己的银行。一些专家对她的这一提议抱有消极的看法。专家们说："美籍墨西哥人不能创办自己的银行，你们在美国没有这样的资格，这件事永远不会成功。"但她坚定地认为自己一定可以做到，而且一定会成功。

于是，罗马纳的银行在一辆小拖车里成立了。起初，她到社区销售股票时遇到一个大麻烦，人们对她毫无信心，这导致她向人们兜售股票时总是遭到拒绝。银行不仅需要资本，更需要顾客的信任。人们摇着头说："你怎么可能办得起银行呢？许多人为这事已经努力了十几年都没有成功，因为墨西哥人不是银行家！"

但是，她始终不放弃自己的梦想，她认定这条路可行并且要一直走下去。经过不懈的努力，罗马纳和几位朋友在东洛杉矶创建了"泛美国民银行"。这家银行的主要业务便是为美籍墨西哥人所居住的社区提供金融服务，银行的资产逐渐积累到2200多万美元，她也一跃成为全美的知名人士。后来，她的签名更是出现在了美元上。

作为一名默默无闻的墨西哥移民者，想在美国做出一番事业是极为困难的。许多移民到美国的人，他们最大的目标只是融入美国社会，找一份收入稳定的工作就满足了。但罗马纳胸怀大志，她想成为世界上最大经济实体的财政部部长。

她并不相信那些传播了很多年的"常识性观点"，她看到的是"我可以"，并且她坚定地相信自己的这一判断。随着她的坚持和行动，她终于实现了梦想，获得了成功。

### 当你表达意见时，请先相信自己的判断

我在加州工作时的同事梅琳是一个在会议中唯唯诺诺、不敢坚持己见的人。她被大家亲切地称为"应声虫"，因为她每次发言都像复读机，这让老板十分无奈。

但这并不意味着梅琳就没有自己的思考，相反，她非常聪明并且很有才华。比如，她在参加会议前就已经写好发言稿，准备好自己的意见，但开会时她却不知道自己应该如何表达，总觉得其他人的观点听起来都比她的好。

"听到同事的发言,我就开始怀疑自己。轮到我说话时,我已经满头大汗,不知道该不该坚持自己原来的看法了。"梅琳说,"直觉告诉我,我是对的,但现场环境却提醒我不要轻易开口,最终我相信了其他人的意见,放弃了自己的立场。"

许多人即使有自己的看法,因为畏于别人的强势,最后很容易在讨论中妥协、让步或者闭口不言,完全遵从对方的看法。他们有很好的判断力却怀疑自我,不敢表达。在这个世界上,我们都是别人无法取代的,有时你必须坚持自己的主见,必须相信自己的直觉。

请记住以下三点:

(1)在思考时,不要盲目参照他人的意见;
(2)在表达时,不要被其他人的意志干扰;
(3)在总结时,不要完全跟从别人的思路及思考模式。

想要成为一个判断力很强的人,又怎能不敢于表达自己的意见并坚持自己的主见呢?不被别人的意见所影响,是每个人都应该具备的能力。你不要试着成为别人、模仿别人,也不要抱着屈从于任何人的想法,而是要做自己。这是一个人直觉强大的表现。

我们要替自己决定,而不是由别人替我们决定。在你感到困惑时没人给你放假,也没人给你安慰,你得自己找时间思考,主动发掘自己的智慧。

有的人刚走出校园时,天真地以为会有热心的老板帮助他发现自我,替他选择正确的路线。事实证明,没人能帮你开发你真正的智慧，你必须拓宽自己的视野，积极努力地工作，让自己发展得更好。

我们要用直觉找到自我，捍卫自我。直觉是什么？就是对未来的渴望，对突破束缚的期待和对自己无限的热爱。但不少人放弃了自我，选择让思想依附他人，这样只会适得其反。

因此，一个活得清醒、受人尊重、有活力的人，必然是珍惜自己、能够独立思考的人。一旦你懂得珍惜自己，你就能散发出一种独特的魅力，别人也会爱你。别人之所以会对你产生不一样的看法，是因为你能够独立思考。你具有自主的选择能力和行动能力，可以通过自己的努力创造新的东西。

那么，在选择和行动的时候应该注意什么呢？

第一，最难的不是"看清别人"，而是"发现自我"。能够看清别人没什么了不起，"能够了解自己"才是真正了不起的本领，把这项工作做在别人的前头，你就能走在他们的前面。

第二，没有人可以决定你是一个什么样的人，除了你自己。你可以参考外界的所有信息，但一定要学会自己做选择。你想要成为什么样的人，就要思考如何去创造。你必须知道自己可以做成什么、达成什么，让内心的直觉为你指引方向。

第三，如果你认为一件事情是对的，那你就勇敢地去做。如果你觉得一件事情是正确的，你就大胆去做。你不需要过多地征求别人的意见，因为这是你自己的判断，同时这也是你自己的人生。

第四，不要因为别人的指点而迷失自己的方向。太在意别人的看法、亦步亦趋、缺乏主见的人，最后往往都会后悔。因为这会使他忘了最重要的事情，一个人的主见就是他自己的方向，是其最应该坚持的原则。我们要实现的是自己的目标，而不是别人的梦想。要做真正的自己，倾听内心的声音，跟随内心最直观的"指南"，那才是正确的方向。

## 看到问题的钥匙

"大人只看利弊,小孩才分对错。"这句话你一定听过,但这句话的意思并不是让我们不分是非,而是为了强调现实的复杂。现实不是简单的"对错"就能定性的。这句话是要告诉我们不要拘泥于问题的是非曲直,而要着重分析它所带来的影响,并以此为前提,做出自己的判断。

例如男人和女人吵架,不论谁对谁错,只要男人在吵架过程中提高音量,吵架的主题常常就会演变成"你竟然敢吼我"。这时,对错已经完全不重要了,男人要么低头认错,要么转身离开,或许除此之外再没有其他解决办法。

当我把这个段子讲给史密斯听时,他哈哈大笑,因为几乎每个周末他家都会上演类似的桥段。他的理解是,我们永远不要以为自己掌握了真理,看问题时不能简单地划分责任,而是需要讲究技巧。比如婚姻就是妥协的技巧,你和妻子发生争吵时,要第一时间感知到本质,否则就会"战火连天,永不安宁"。

所以我经常对别人说:"假如一个女人在婚姻中表现得极其

冷静，那么她一定是一个判断力出色的人，她的事业也会同样出色。"我要表达的是关于思考模式的规律：我们要看到问题的重点是什么，抓住主干而非枝叶。我们需要一直注意的是：把事情做好，让它朝着有利的方向发展。

那么，如何做才能看到问题的钥匙呢？

## 1. 非重大原则问题，则不要过于纠结你以为的是非、对错

我的一位朋友曾经因纠结于问题的对错，最后失去了在公司快速发展的机会。为此，他郁闷了好久，无法走出失败的阴影。当时他的公司正准备和另外一家企业联合上市，他踌躇满志，但在准备运营计划和上市的过程中出现了各种各样的波折，公司管理层的意见也开始出现严重的分歧。即便每个人都希望公司上市成功，但都过于坚持自己的想法，并且都认为别人的思路是错误的。显然这不是一个是非对错的问题，纠结于其中毫无意义。

当人的"认知理性"（现实需要）与"价值观理性"（是非、对错）产生冲突时，问题就会在无休止的争吵和分析中改变味道。人们的大脑从理性的思考判断中走向感性的对峙与战争："即使你的想法有可取之处又怎样？我认为是错的，所以我就反对！""因为你和我吵，不给我面子，所以我就是要反对你！"

多少人曾有过这样的心态，怀揣着赌气的情绪在办公室与同事、上司打得两败俱伤。朋友看着大家争论得不可开交，历经数月也未能达成共识，所有的计划只好搁浅，让公司错过了上市的黄金时机。

他回想此事时苦笑着说:"很多时候成功的关键就在于那几天甚至那几分钟,机遇是不会等人的。但当机遇到来时我们看到的并不是未来的收益,而是所谓的路线对错。这样做是不对的,是有问题的,没人敢承担责任,因而错失了良机。"

我们永远都不要把自己绕进刻板地追问对与错的死胡同里,因为在这个世界上有时候对错只是相对的,而利害显得绝对化。有些事没有完全对或完全错,就像没有人是十全十美的一样。因此,你在需要判断对错时,不要着急;当有人让你站队时,不要因为和他关系密切就和他站到一起,要静下心来,思考其中的利害关系,然后再做出判断。

### 2. 不刻板地纠结对错,才能从容不迫

聪明的人一般不过多地纠结以下三类问题:

(1)越说越糊涂的事;
(2)对错并不重要的事;
(3)和自己切身利益无关的事。

这三类问题在现实生活中经常出现。很多人都喜欢在这些问题上面纠缠不清,我发现有人甚至会为了一件小事而争执几个小时。即使争赢了,他也不会得到什么实际的好处,但他却乐此不疲。如果一个人拥有清醒的头脑,就不会在这些问题上纠缠。

物理学上常讲到的"参照物",就类似于我们在生活和工作中需要面对的问题。有时我们的立场或参照的立场不一样,所谓的对

错也就变成了相对而言的东西。随着立场的变化，错的可能变成对的，对的也可能变成错的，这都源于参照的立场不同。这种立场关系一旦牵涉利益的动态变化，判断起来就会变得更加复杂。有时同一事物在相同的环境中也呈两面性，是错是对，聪明人都未必能分得清楚。

我的建议是：要在第一时间看到利害关系，因为它决定着你未来的方向。我们不要盲目地给一件事、一个人下定义，而是要分析深层次的问题，这也是我们提升直观判断力的最终目的和优化我们的思考模式的真正意义所在。

你分析问题时也要遵循上述原则，不要刻板地纠结于"是非对错"，先看一看其中的利害，想一想现实的需要。对现实世界中的大部分非重大问题来说，这个原则始终成立。

实际上，你发现问题并试图解决问题时，最考验的是你的逻辑思考能力。你想要提高这方面的能力，就得不断地进行针对性的训练，培养良好的思考习惯，减少思考问题的中间环节，努力使自己拥有在第一时间就能做出精确判断的能力。

## 摆脱"结果导向"

这些年来总是有人问我:"为什么我事业有成,家庭也很圆满,却仍然感觉不到幸福呢?"这个问题是非常普遍的,很多人都有过这种从成功到抱怨、从困惑到无奈的心路历程。人们在没有机会时会抱怨社会和环境的不公平,取得成功后又发现自己并没有从中获得想要的幸福。

是什么导致这样的结果?答案是:人们不管做什么都只看到结果,而对结果之外的东西却选择性忽视。对功利地达到目标来讲,这是最聪明的做法:只盯住自己想要的东西。然而,人们在紧紧盯住结果的同时,也会在不知不觉中丢掉很多幸福的体验。

我曾经和朋友相约一起去登山,在出发之前我们定下目标,一定要登上最高的那座山峰。我认真做了功课,上网查询当天的气象条件,山体的海拔高度,计算最快的登山路线,备齐路上要带的食物和药品……我像一个专业登山队员,打包好一切登山必备"事项",只等第二天在登山比赛中赢我的朋友。

登山那天,我按照既定计划,一门心思地加速前行,累得满头大汗，照片顾不得拍，风景也没心思看。我回头看了一眼那位被我远远甩在身后的朋友，他一路唱着歌，看着风景，还时不时地驻足感慨。我有些得意地大声呼喊他："快点跟上，不然你就输定了！"朋友却毫不在乎，并且戏谑道："你为了赢我连风景都不看了，时间还早呢，让我们感受一下大自然的美好吧！"

生活中有太多这样的情境，为了快速地达到目标、得到结果，我们心无旁骛，不允许自己去关注目标之外的事情，就像一心只想登上顶峰、顾不上看风景的我一样。最后登上山顶并完成目标，自己却并没有感觉到快乐。因为登山过程中的美好体验都被我刻意忽视了，我只感觉自己完成了一项任务，有成就感，却没有幸福感。

"结果导向"在工作中是不可替代的准则，因为没有结果就等于无效工作。但在完成目标的过程中我们也不要忘记观察和领悟生活，这是因为：

（1）过于关注目标，把视线放在一条直线上，容易造成思路闭塞，失去创新路径；

（2）过分注重结果，会导致功利主义的产生。

## 一、要避免以功利主义为核心的"结果导向"

一个很有能力的年轻人，他整天忙于追名逐利，以致失去自我，痛苦不堪。父母建议他去修道院静养一段时间，放松心情，思考人生真正的价值。一个月后，父母给他打电话，询问他对修道院的生活是否适应。这个年轻人十分高兴地回复道："我在这里过得非常好，悟出很多之前没有想过的道理！我现在已经是一位优秀的神职人员了！再给我两年时间，我一定可以当上修道院院长！"

父母的本意是让年轻人去修道院修身养性、陶冶情操，结果年轻人又找到静养的目标：坐上修道院院长的位置。

这个故事的寓意很明显：注重结果本身没有问题，因为任何人都想把事情做好，但是功利地追求事情的结果而忽略过程、忘记初心，后果是十分可怕的。

以功利主义为核心的"结果至上"会改变一个人的思维和心态，使其变得浮躁、唯利是图。事事以"成功"为标准，眼睛看到的都是成功后的景象，在判断问题时就会失去应有的平和心态。

## 二、成功不是技术问题，而是哲学问题

不可否认的是，任何人一生中追逐的目标都是成功——家庭的成功、事业的成功、人际关系的成功等。"成功"在技术上是一个可以量化的标准，你如果有着不达目的誓不罢休的决心，碰到合适的机遇，再加上好运气的眷顾，就有可能进入社会金字塔的上层。但这只是世俗意义上的"成功"，人生意义上的成功是一种幸福的体验，是在追寻和实现目标的过程中得到的体会。

著名股票投资顾问菲尔是华尔街非常受欢迎的操盘手之一。那时他春风得意，因操作了一个赢利3000万美元的单子而声名大噪。但菲尔对钱并不感兴趣，尽管没人相信。他说："拿金钱衡量成功是低层次的思维模式，因为成功与金钱没有太大关系。如果二者有关，那也仅仅是技术相关而已。成功其实是一个哲学问题，人们更应把目光放在体会经历上，而不是关注银行账户里数字的起伏。"

显然，菲尔的观点引来很多人的冷笑，人们不愿意相信一个投

机分子所说的"成功与金钱无关"的鬼话,但那确实是真话。人是情绪化的、功利的动物,以结果为导向或许可以让你变得很优秀,但单纯地以结果为导向,很难把人引向幸福。

如果人失去对过程的感悟和直观的理解,只注重结果,无论最终成功与否,都会逐渐失去感知幸福的能力。

### 三、过分注重结果,反而无法得到想要的结果

任何人的身上都混合着幻想与实干,混搭着功利与理想,所以那些手把手教你开拓人脉的图书才会畅销,梦工厂编造出来的梦幻电影才会受人追捧。而这两者的受众通常都是信奉"结果至上"的群体。在幻想的世界中人们无所不能,可以为所欲为,但在现实世界中他们却处心积虑、谦卑恭顺。这就是人的两面性:一方面希望拥有完美的人生,另一方面又功利地追求最好的结果。因此,不管做什么,他们都很难真正地称心如意。

菲尔打了一个比方:"就赚钱来说,谁能算是一个有道德的人?为了结果,我们只能变得不道德。评判一个人是否幸福,不能只看这个人已经做过的事,还得看他的目的和冲动。幸福的真正依据不是已成事实的行为,而是未成事实的意向。"

如何理解这句话呢?这句话是告诉我们,在分析事物时一定要有全局观。我们不仅要看事情的结果,还要看做这件事情的初衷以及事情的发展是如何导致"现有结果"的。

一个人为了某个结果而努力没有错,但是如果过于功利,他的思考和判断就会显得十分笨拙,无法对问题进行灵活、多向的分析,并且还会使自己陷入一种"欲速则不达"的焦虑中。

同样，为了实现自己对结果的预期，人们时常会认为和目标无关的事情是没有意义的，因此他无法专心挖掘自己眼前工作的深刻价值，反而觉得这么做是在浪费时间。为了快速地实现结果，他可能选择去求助、接触更多的人来帮他缩短奋斗的过程。

但是他忽略了两件事。

第一，"无事献殷勤，非奸即盗"，这是大多数人的真实心理。当你向别人求助或进行社交的目的性太强时，别人就会有所防备，即使表面上你们看起来仍然十分友善，他们对你的评价也会有所变化，并会影响到你所做的事情。

第二，你所想象的位置（目标）并不是完美的，即便你达到了目的，获得了既定的结果，你也不会感觉到满足，因为那时又有新的目标在等着你了。所以，如果不改变思考问题的方式，不重建判断的标准，换到任何环境中，你都很难体会到成功的幸福。

人们之所以在大多数时候都以结果为导向，是因为存在"想赢怕输"的心理，人们担心结果不尽如人意，不想承担任何不利的后果。

"我害怕——"

你用这样的句子开头表述一个问题时，不妨先问问自己究竟在害怕和担心什么，究竟为什么而害怕。现在你可以找一张纸，把你认为最糟糕的事情写出来，可以详细到非常微小的事，比如"错过前一辆公交车实在太让我生气了"。这样你就会发现，那些你所害怕的东西，要么无关紧要，要么就是仅有很小的概率会造成坏的影响。

## 四、允许自己有第二次机会

那么，我们为什么一直在"害怕"？为什么我们时常对结果充满担忧？无论你承不承认，对结果的重视和担忧，其原因都来自下面几点的混合。

（1）害怕这件事本身；
（2）身体原因造成的精神压力；
（3）对自己的宠溺；
（4）将"还未获得"在潜意识中当作"已经拥有"。

我们在生活中的机会并不是"只有一次"，而是可以进行"多次"尝试。对于绝大部分事情，我们总会有第二次、第三次机会。能够顺利地一次完成目标任务，固然令人欣喜，但在开始时实现不了目标，也不是严重的失败。但那些以最终目标为主导的人，因为受上述因素的影响，并不会这么认为。他们太知道自己想要什么，太害怕失败了，所以即便他们成功地实现了目标，也不会感到幸福。

以结果为导向，就是一种对自己的思考和行动的"确定性"的估量以及追求。由于种种因素，我们越是想抓住一个东西，就越容易失去它。因为你已经对它投入太多的感情，以至于无法承受任何挫败。比如，你认为"努力就一定有所收获"时，就会对自己努力过程中所付出的每一步都格外在意，经不起任何风吹草动。这就是最大的问题，你必须修改逻辑，承认"不确定性"才是生活中普遍存在的规律，并愿意接受发生在我们身上的所有变故。

很多时候，我们自身的纠结不过是一种幻想代替另一种幻想，一个目标取代另一个目标，实质问题并没有改变。我能给你的建议是：人生处处存在不确定性，不仅仅是"努力能否有收获"的问题，还包括我们对生活和工作的每一个许诺。结果是什么？结果不是一个必须实现的量，我们要做的只是努力兑现它。那么，既然结果并不是确定的，也不是可以一劳永逸的，我们为何还纠结其中呢？

所以，你只有沉静地享受当下的努力，才能体会到幸福。重视努力过程中的每一次尽力地付出后产生的成就感，才是你应当看到的人生的本质。

## 重建你的"判断系统"

人们每天都在发挥自己的聪明才智做出各种各样的判断,有些判断无所谓对错,却深深地影响着我们的心态,影响着我们对世界和人生的看法。比如,对自我的认知决定着你是自信还是自卑。很多人在工作和学习的过程中缺乏信心,觉得自己不够好,所以对人生持悲观的态度。但这并没有证明你真的很差劲,只是大脑的判断系统出了差错,看扁了自己而已。

想要扭转这种心态并重建直观的判断力,可以采用以下几种方法:

### 一、向下对比

世界那么大,总有比你厉害的人,也总有不如你的人,你要学会正确判断自己的处境。这既是建立一种知足的心态,又是自信心的建立过程。人们需要榜样的力量,从而产生前进的动力;同时也需要听些悲惨的故事,证明自己并没有那么倒霉。

有一群野兔聚集起来召开一场诉苦大会。野兔们觉得它们生活在一个极度危险的世界，人、狗、鹰无一不来残害它们，与其每日担惊受怕，倒不如死了痛快。打定主意后，野兔们便纷纷跑到池塘边，准备投水自尽。池塘边的青蛙听到声响后，不知道发生了什么事，吓得纷纷跳到水中躲避。领头的野兔急忙喊道："快停下来，我们不要自杀了。看看吧，它们比我们的胆子还小呢！"

这些野兔以为自己是动物界最可怜的，但和青蛙对比之后才突然发现，世界其实并不像自己想象的那样，还有动物比它们更惨。于是，它们便打消了自杀的念头。

有时你觉得自己很不幸，好像是这世界上最倒霉的人。实际上你只是没有真正地认识自己，一时走进"死胡同"，找不到出路而已。这个时候不要钻牛角尖，试着退一步，向身后看看，也许就会看到海阔天空了。

## 二、让优势更优

曾经有个高一的学生向我倾诉，他觉得自己学习很用功，起得比别人早，睡得比别人晚，但成绩进步却不大。每次考试成绩出来之后，他仍然远远地落在其他优秀学生的后面。

"我该怎么办？我已经尽力了。"那位同学说。

"你试过别的学习方法吗？"我问他。

"试过了，父母为我请了最好的老师。"

"问题就在这里，你可能并不擅长学习那些知识。就算继续用功，恐怕也是浪费时间。"我对他说。

"可是父母会难过的，他们希望我能考上本地最好的学校。"

"你自己的想法是什么呢？你有自己特别喜欢或者擅长的事情吗？"

"我喜欢烹饪，我想当厨师。"那位同学说。

我建议他跟自己的父母好好谈谈，将自己真正的想法说出来，去选择那条更适合自己的道路，而不是用所有的精力去补自己的短板。

后来那个同学发邮件给我，说他的父母终于肯放下面子，同意他去报考一所技校学习烹饪。现今，他成了一家五星级餐厅的主厨，上过多档美食节目，谁要是想吃到他做的美食需要提前半年预订。

我们常会盯着自己的劣势，对自己信心尽失，觉得永远不会成功。这是当然的啊！没有人可以凭借弱点成功，拿自己的不足去和别人竞争，无异于以卵击石。成功最大的捷径不是弥补短板，而是发挥自己的特长，聚焦身上的闪光点，逐渐建立自信心，才能成为某个领域中最厉害的人。

### 三、摒弃那些"随大流"的推断

请先思考这两个问题：

（1）"面对未来，我应该如何选择目标？"

（2）"面对目标，我应该如何制订计划？"

对于第一个问题，大部分人采取的态度是听听别人怎么说，看看大家都是怎么选择的。当人们都去报考计算机专业时，你可能也是其中的一员；当人们都去炒股时，也许你觉得买股票确实是一个好的投资方向。"随大流"是一个普遍存在的问题，因为人们不愿意去过多地思考，又不想承担风险（出于不自信），所以就选择一些有更多的人在追求的目标。可结果往往证明，"随大流"的目标未必就适合你。

对于第二个问题，人们也会采取一种"跟从战略"。做计划是一件比定目标更难的事情，所以学习和模仿别人的计划就是大多数人习惯去做的事。所以，教人如何成功的书籍总是摆在书店最显眼的位置，因为人们喜欢到这里来拿走现成的方案。

为了得到自己想要的东西，每个人都绞尽脑汁地思考自己应该走哪一条路线。他们想方设法地寻找捷径，什么有用就学什么，不停地制订各种计划。比如，许多人会有一种"多一张证书就多一条路"的认知。所以经常是外面流行什么证书，他们就成群结队地去拿下什么证书，似乎这就是可以实现人生目标的好计划。

但是，他只是看到了一条不属于他的路线，制订了一个无法让他出类拔萃的计划。他以为自己能追随这个世界的趋势，能保证自己不落人后，其实他只是做了很多无用功。

对前面提出的两个问题，我的回答是：

（1）选择属于我的目标；
（2）制订适合我的计划。

就是这么简单，你要直接看到这两个问题的答案。我常对一些急于求成的学生说："不要考虑别人在找什么工作或学习什么技能。你要想想你能做什么、你想做什么，这才是你未来的发展方向。我们每天都很忙、很累，应该将主要精力用来关注自己的需求。如果你认为大家都做的事情是对的，大家都不做的事情是错的，你的未来只会更加渺茫。"

## 四、面向"我"的计划

首先，要看到未来10年的趋势，不要只着眼于当下。因此你在开始做规划前应该充分分析自身情况，并把眼光放得长远一些，不要只着眼于眼前，要看到未来是什么景象。经过理性的规划，倒推出今天的目标，这样才能少走弯路。

其次，保持平常心，不要过于看重金钱的回报。如果把"赚钱"当作未来的发展方向，你就会变得越来越迷茫。因为世界变化太快，每天都有更赚钱的项目产生，你似乎什么都可以做，但又什么都做不好。很多年轻人频繁跳槽，并且将之当成涨薪的手段。但你从一个公司跳到另一个公司，看起来似乎很厉害，其实工作经验和技能都只学到点皮毛。因为你学得太杂，没有沉下心来钻研和积累知识和技能，所以到了一定阶段遇到瓶颈时，你就会被那些在前期默默无闻的人一举超越。

我经常听到一些人劝告别人，你做的这个事情不赚钱，为什么不去做点别的呢？有些人经受不住诱惑就转行了，而有长远打算的人则不为所动，继续打磨自己，直到有一天成为某个领域的专家。

最后，不要期望做一件事情在短期内就能产生实际的回报，因为这种想法不切实际。在做一份计划时，你看到的是10年后，就会赢得10年后的人生；你看到的是今天，就只能赢得今天。因此，你要保持一份平常心，不管别人怎么说，都要坚定自己的目标，坚持努力下去！

## 运用直观判断的八项原则

### 一、运用推理的能力

推理能力是我们的大脑根据已知信息做出进一步判断的思维过程。一个人想要提高直观判断的准确性，推理能力必不可少。

推理能力通常分为几个大类：

#### 1. 归纳推理

归纳推理又可分为完全归纳推理和不完全归纳推理。完全归纳推理是在了解某个事物的全部后概括总结出结论。由于人们通常不可能在事无巨细地考察事物之后才做出结论，所以这种推理方法并不常用。多数情况下，我们会用到不完全归纳推理，即根据事物的部分个体属性得出这一类事物的属性。

不完全归纳推理又包括简单枚举归纳推理和科学归纳推理。简单枚举归纳推理的例子在日常生活中有很多，比如我们常听到的谚语"天下乌鸦一般黑"，就是运用了简单枚举归纳推理。

科学归纳推理是根据对某类事物的部分对象进行判断,从而推断出这类事物都具有的相同属性。比如铁制品会受热膨胀,钢制品也会受热膨胀,由此推断出大部分金属受热后都会膨胀。

由于不完全归纳推理并没有了解事物的全部,只是针对部分对象进行归纳推断,因此结果可能会有偏颇。

### 2. 演绎推理

如果你看过《福尔摩斯探案全集》,就很容易理解演绎推理的概念。演绎推理重在逻辑形式,从一般中推导出个别。以上我们讲到的归纳推理是一种由个别到一般的推理方法,而演绎推理则恰好相反。演绎推理对思维严密程度的要求极其严格,需要保持绝对的理性和一贯性。归纳推理是演绎推理的前提,而演绎推理则是归纳推理的补充。

### 3. 类比推理

德国数学家赫尔曼·外尔说:"由于我们发现了同构关系,在某一领域内获得的所有认识,就可以立刻搬用于任何同构领域。"这就是说,人们依据已经发现的两个对象的属性关系,由此推断出两组对比物之间还有其他相似点。这种推理方法通常是先从两个事物中找到相同属性,然后进行类比推理,把这种相同属性推到另外两种相似的事物上。因此,类比推理是一种直觉的发现。

## 二、自制的能力

对于我们直观判断力的养成,自制力是不可缺少的基础素质。自制力能够帮我们控制急躁的情绪,制止狂热的行为,使我们的焦虑情绪得以平息。

在生活中我们每天要接触不同的人和事，情绪常常会因为刺激而产生波动。高兴的时候忘乎所以，愤怒的时候不顾一切，沮丧的时候厌倦一切。这些情绪在很大程度上影响着我们的直观判断力，使我们做出不理智的选择。有个成语叫"乐极生悲"，说的就是一个人因为太过高兴对事物失去理智的判断力，结果酿成了悲剧。还有的人特别容易冲动，在愤怒中说出不该说的话，做出令自己后悔的事。这都是因为缺乏对情绪的控制能力，遇到刺激无法自制，从而做出了错误的判断。

### 三、先搞清楚眼前的事情

在遭遇困境的时候我们总会想得很多，不仅仅为眼前的麻烦所困扰，还对未来的事充满担忧，导致做决定的时候瞻前顾后，总觉得无法两全。这样拖下去会让事情变得越来越麻烦，非但眼下的事情厘不清，还会把以后的事情扯进来。

其实，从根本上解决问题的方法并不复杂，那就是耐住性子一件一件地解决。从实际情况出发，先解决一个问题再去解决另一个问题，优先搞清楚眼前的事，因为你若急于求成，只会把事情越弄越糟。

### 四、一开始就想好如何去做

很多人做事顾头不顾尾，行动很快思考却很少，凡事想着先干了再说。等做到一半才发现是错误的，以致前面所花的功夫都白费了。

有两个种土豆的农民，他们准备来一场比赛，看谁的土豆坑挖得更直。商量好比赛规则后，A农民抄起工具就开始挖，他在挖第二个坑的时候总是和第一个对齐，他觉得这样就能保证挖的整行土豆坑是一条直线。但是一行挖下来，他发现自己的土豆坑已经向一边严重地倾斜。而B农民则没有那么着急，他先在田地的另一头插上一根长长的竹竿，然后才开始行动，他每挖一个坑，便与竹竿的方向对直，一旦发现偏差就立刻调整。最后，B农民挖出来的土豆坑就像用尺子丈量出来的一样，非常直。

B农民在做事之前先弄清目的，从一开始便为自己的行动设计出最有效的方案。起初看起来是落后了，但因为思路清晰，方法得当，进展过程非常高效，反而成为赢家。A农民只顾快速行动，却是边想边做，思路混乱，不得要领，虽然动作迅速，但执行效果很差，最后要花费很多时间纠错，时间成本反而大大增加。

苏格拉底是古希腊著名的思想家和哲学家。有一次，他领着三个弟子来到一片麦田前，对弟子们说："现在，你们到麦田里去摘取一根自己认为最饱满的麦穗，但是每个人只有一次机会，采摘以后就不能再换了。"

他的三名弟子领命前行。

第一个人没走多远就看到一根大麦穗，赶紧把它摘下来，但越往前走，他越发现前面的麦穗远比手中的饱满。可是不能更换，他只好非常懊恼地回去。

第二个人比较有耐心，每当他看到一根大麦穗时，总是收回自己已经伸出去的手，继续往前走。他心想："前面一定有更大的麦穗。"不过麦田快走完时，他仍然没有看到更大的麦穗。此时两手空空的他非常失望，只能随便采摘一根回去了。

第三个人的做法和前两个人完全不一样。他先用前三分之一的路程仔细观察，识别什么样的麦穗才是饱满的，然后在第二个三分之一的路程中不断地比较和判断，最后在余下的三分之一的路程中，他摘到一根最为饱满的麦穗，完成了苏格拉底交代的任务。

所以，无论做什么事情，知道怎么做才是最重要的。方向准确了，方法找对了，路就不会走偏；目的明确了，人的思维和行为就不会盲目。掌握自己所迈出的每一步，内心的直觉才能给出最准确的判断。

### 五、纵观事物的形成过程和发展趋势

在这个世界上，任何事物的发展都有一定的规律，不管表面看起来是如何不可思议，其背后都会有一个合乎逻辑的推理过程。我们认识事物不能靠猜测和断章取义，要学会纵向看问题，只有全方位地观察和研究，才能对事物的发展趋势做出准确的判断。

### 六、养成综合看问题的习惯

综合看问题，就是要看到事情的全貌，从起因到后果，全面地

分析。很多问题并不是孤立存在的，而是要结合其他信息才能做出客观的判断，这便是我们经常提到的全局思维或全局观。

提炼出来两个要点：分析问题和解决问题。

（1）全面分析问题：找到事情的要点，排出主次、轻重，逐级推理。

（2）全面解决问题：分析可采取的所有方法中存在的优缺点，把能想到的可能性都写下来，对比总结，综合选出最佳方案。

### 七、培养专注力

在互联网如此发达的今天，我们每时每刻都在被不同的信息冲击着。不用自己去主动寻找，就会有无数抓人眼球的新闻资讯冲进我们的视野，转移我们的注意力。也许你正在做一件重要的正经事，但有趣的弹窗不断地跳出来，告诉你一些有趣的新闻，你还能专注于自己的工作而不被吸引吗？

近十年来，互联网以极快的速度改造着我们的大脑，想专注地做事成了与提高行动力一样的难题，需要付出极大的努力。你发现自己无法耐心地阅读一篇长文字，只能读取140字的微博；你无法独立地思考，有问题只会找百度；你无法专注地只做一件事，养成了三心二意的习惯……你的注意力被分散得支离破碎，什么都想做，却什么都做不好。

然而，想要认真地做好一件事，专注力是不可或缺的。一个人只有沉浸其中，才会深入进去；只有钻研得深刻，思维才能更严谨，判断才会更准确。下面是一些培养专注力的方法。

### 1. 一定要再坚持5分钟

当你想要转移注意力或忍不住去做别的事情时，告诉自己再坚持5分钟，5分钟后可以得到小小的奖赏。这次结束以后再进行新一轮的5分钟尝试。为了最大限度地抓住我们的注意力，可以尝试让我们的"手"参与进来。比如读书的时候，你可以边读书边画重点、记笔记。

### 2. 先做最难的部分

我们在执行任务时，最开始往往是注意力最集中的时段。把最难完成的部分放到前面，趁着精力充沛时去做，因为此时我们的大脑更加专注。这样做可以避免把难题拖到最后，应付了事或者一拖再拖。

### 3. 只关注最重要的部分

每个人的精力都是有限的，如果同时关注的事情太多，就总有一两件事没法做好。尤其在工作中，要分清轻重缓急，有些不需要亲自上阵的事就交给别人去做，为自己节省出宝贵的时间去处理重要的事情。

## 八、保持冷静的头脑

在正常状况下，大部分人都能控制自己，理智地分析处境，做出对自己最有利的判断。而一旦事态紧急，有些人就会自乱阵脚，完全想不出任何应对之策。

面对困境要泰然处之，绝对不能狂躁、发怒，因为越着急越想不出办法。我们只有冷静下来，理性分析，才能找到出路。

第二次世界大战结束后,有一位美军空军飞行员回忆说:"战争期间,我是一名独自驾驶F6型战斗机的飞行员,第一次执行的任务就是一个艰巨的任务,我需要从航空母舰起飞后一直保持高空飞行,到达目的地时,再以俯冲的姿态滑落至距目的地300英尺(约91.44米)的上空,对目标进行轰炸。正当我飞到目的地并开始快速俯冲时,飞机的左翼被敌军击中了,飞机失控翻转且急速下坠。那一瞬间,除了感到海洋就在我的头顶,我失去了所有的方向感。"

是什么救了他一命呢?原来在飞机失控下坠时,飞行员的脑海中马上浮现出了他在接受训练期间,教官一再叮嘱他的话:"在紧急状况中,要保持冷静沉着。"所以,他没有慌乱,只是静静等候能把飞机拉起来的最佳时机和位置。最后,他幸运地活了下来。如果当时他为了求生而胡乱操作,很有可能会失去拯救自己的最佳时机,造成机毁人亡的悲惨结局。

保持冷静的头脑,首先,要相信自己,相信自己一定能够做到,不要对自己进行消极暗示,而是要鼓励自己保持信心;其次,要克制恐惧,不轻易做出目的不明确的举动,必要的时候按兵不动,甚至以静制动;最后,当激动的情绪冷静下来后,再按照平时积累的经验采取应急方案,以最保险的方式成功地开展行动。

# 第五章 05
## "直观决策"的秘密

## 把"灵机一动"变成美妙的主意

也许你已经发现,很多妙不可言的主意并非来自严谨的数据分析,它们可能是突然出现在你睡意将来时、度假时、用餐时,抑或是在你随手翻动一本书时。"灵机一动"很调皮,总是出现在令人意想不到的时间或地点。这就决定了"灵机一动"的创意具有很大的偶然性:抓住它,伟大的创意就诞生了;如果不小心让它溜走,就只能等待它下一次出现了。

事实上,很多伟大的发明都来自发明家的"灵机一动"。在某个不经意的瞬间,一个问题、一个畅想,再加上一个善于捕捉的聪明头脑,创意就诞生了。

美国宝丽来公司的创始人埃德温·兰德有个3岁的女儿。一天,他给女儿拍照片时,女儿突然问他:"爸爸,为什么不能马上看到你刚刚为我拍的照片呢?"这个问题让埃德温灵光一闪:对啊,为什么不能马上看到照片呢?

女儿的提问在埃德温的心里埋下了一颗种子,于是他下定决心要让这个美妙的想法变成现实。1947年,埃德温发明了世界上第一台"一次成像照相机"。

"灵机一动"不像那些深奥的、具有说服力的智慧那样让人肃然起敬。很多时候，我们甚至觉得"灵机一动"是微不足道的小聪明，因为我们只崇尚知识、经验、智慧，而非看不见、摸不着的"灵机一动"。

这是我们对"灵机一动"的偏见。虽然那些点子看起来没什么了不起，但对迸发出那些想法的人来说，这并不简单。

史密斯曾建议我开除公司的一位创意主管，因为他每次经过那位主管的办公室时都看见他坐在柔软、舒适的真皮转椅上打瞌睡。

"赶紧让那个只会耍小聪明的家伙走人，他在浪费我们的钱！"史密斯怒不可遏。我对他说，正是这位会耍小聪明的主管刚为公司拿下几个上百万美元的户外广告单，我们需要他脑袋里的东西，至于他是醒着还是睡着，一点都不重要。

不要小瞧那些总能"灵机一动"的人，他们脑袋里的创意并不是受到某种指示而突发的，虽然这没有经过深思熟虑的决策那么有说服力，但"灵机一动"也是从长久的知识积累中迸发出来的。

事实上，只有聪明且敏锐的大脑才会"灵机一动"，而那些只擅长推理和分析的"数据脑袋"总是缺乏这种"神来之笔"。而想要抓住灵机一动，首先得有好奇心和质疑精神。那么，该如何去做呢？

### 1. 开启你的好奇心

哈佛大学心理学教授齐珀曾开办过一个思维培训班。他的培训对象是有着高收入、高学历、工作体面的群体，比如华尔街的银行高管、科技公司的部门经理,以及好莱坞制片公司的剧本策划人等。齐珀认为,恰恰是这些脑袋被塞得满满的人才最应该到他这里来上课,他们要好好修理一下自己的条条框框。

"没有了好奇心我们就会沉迷于表象,对事物隐藏的本质漠不关心。"他提到一个学员的例子。毕业于哈佛商学院的哈蒙德如今是高盛公司的投资顾问,也是华尔街的风云人物,但在2008年股灾前夕,这位证券业的专家仍然沉醉在股价会继续上涨的春秋大梦里。

"哈蒙德不是在替人鼓吹,他是真的相信股市会一直火爆下去。作为一位行业的权威人物,他掌握着大量的信息,却为何还不如一个对股市一窍不通而在此时此刻却生出警惕之心的人呢?由于每天接触大量的信息,他反而失去了求知欲,对隐藏在背后的东西不再感兴趣,只相信自己愿意看到的事实。"

信息和经验使我们相信自己的推论不会出错,因而没有了对特殊现象的好奇心。其实,错误的信号恰恰就隐藏其中,得利的总是那些充满好奇心并抓住机会的人。

## 2. 不要丢掉你的"质疑精神"

如果说失去好奇心意味着创造力的覆灭,那么丢掉质疑精神则是在放弃追求真理。毫不怀疑地接受书本中的所有知识,盲目地相信权威,不加辨别地转发和传递道听途说的信息……这些不好的习惯正在摧毁我们的判断力。

一个英国朋友在一所双语中学教英语。他常问我:"为什么我的学生不喜欢提问?"在他看来,不管他说什么,学生们总是毕恭毕敬地点头，无条件地接受，从不对他表示质疑。他觉得这种"尊敬"有点太不正常了。

为了引发学生的好奇心，有时他会戴一顶奇怪的帽子上课，神奇的是，只有个别学生会偷偷发笑，竟没有一个人问他为什么会戴这样一顶帽子。后来甚至有些学生也开始戴帽子，接受并模仿他的行为。

还有一个现象令他特别纳闷，很多家长都反对孩子耍小聪明，因为这样的孩子会被认为缺乏大智慧，而那些看上去很笨却刻苦学习的学生则总被认可。与之相对应的是，那些耍小聪明的孩子好奇心强，喜欢提问和思考；刻苦学习的学生则倾向于等待有人主动为其解答困惑。

他认为，学习与思考是一个并行的过程，能提出问题才更会思考。一旦失去质疑，思考也就会消失。所以在传授知识的过程中，比起直接告知答案，他更喜欢培养学生的开放性思维，用引导和提问的方式让学生主动思考，并鼓励学生质疑自己学到的知识。

然而质疑精神的缺失不仅体现在孩子身上，许多成年人也严重缺乏质疑精神，这对使用直观判断力来说是很大的隐患，因为缺乏质疑的环节，直观得出的决策就容易出错。

质疑精神不是让我们怀疑一切，而是不盲从，敢于思考。有些人认为质疑精神就是胡乱发问，甚至不用对问题进行思考便提出各种疑问，这是对质疑精神的误解。质疑精神要培养的是逻辑推理能力以及求证能力。也就是说，我们要先有一个判断的过程，然后再质疑。

### 3. 为生活准备"另一种选择"

你观察过自己的生活吗？每天穿梭于两点一线之间，重复着相同的路线，你甚至不愿意中途下车，去那家你一直好奇的餐馆吃顿饭。正如你每天都要步行一段距离才能到达地铁站一样，这是你多年不变的习惯，你不愿做出任何改变，哪怕是尝试坐上那辆停在眼前、能直达公司的公交车。因为你害怕地面交通太拥堵，无法精确地计算时间。

直到有一天，城市里安装了精确的路线提示器，硕大的电子屏上清楚地写着下一辆公交车还有多长时间到达。你意识到自己多了一种选择，除了以正常速度步行到地铁站，你还可以重新规划出行路线。

面对生活中突然出现的"另一种选择"，很多人都不愿尝试，或者直接选择无视。人们对生活失去了好奇心，不愿意耗费精力去探索新事物。在飞速变化的世界里，他们保持着自己的"传统"，不欢迎任何新鲜事物的闯入。

当生活只剩下一种可能性，"选择"就失去了用武之地。在日复一日的生活中，直观也会变得迟钝、麻木。这是我们要竭力避免的事情。在一个色彩斑斓的世界里，我们为什么要让自己活得像在黑白电影里一样呢？当你去尝试以往不敢做的事情时，也许你会发现生活其实还有很多种滋味。

你该知道，面对生活你还有以下几个选择：

第一，换个角度看世界。有时你会对熟悉的工作、人和事产生厌倦，觉得在世界上了无生趣。这种状态会让你对一切都失去兴趣,逐渐变得麻木。其实世界是很精彩的,只是你缺少发现美的眼睛。你只要走出去,换一个角度观察和思考,就会发现一些平时没有注意到的微小变化。

第二,从无聊的情绪中走出来。如果一个人很消极,就常会觉得无聊,他会觉得做事情很无聊,与人交流也很无聊。这是一个人长期沉浸在无聊的情绪中造成的结果。"无聊"会阻止我们的探索,使我们失去深入了解事物的心情,所以,不要让自己无聊,去社交,去尝试,去发现兴趣,让自己摆脱无聊的情绪,成为一个有意思的人。

第三,多提问。有人说,认识自己的无知是认识世界最好的方法。当不知道如何解答时你就继续发问,不要害怕暴露自己的无知,你问得越多,对世界的认识就越深刻。

## 让"脑回路"变短一点

"没有决策也是一种决策。"这是一位名叫哈维·康克斯的人曾说过的名言。对于一件事情,如果你未能做出决策,那么你的沉默就是一种决定。此时,你已经否认了自己的思考的自主性,并且将会按照过去的习惯处理当下的问题。这样会把简单的问题搞复杂,也可能会让一些本可以迅速处理掉的麻烦无限期地拖延下去。

迈克尔·霍莉是美国联邦政府的一名公务员,她在洛杉矶工作了近20年。在旁人看来她有一个十分幸福的家庭,但不为人知的是,霍莉罹患焦虑症已有7年。她说:"我也不知道自己到底是哪方面出了问题。我对工作、自己都不自信,我经常会自我怀疑。大的事情我无法独立做出决定,就连日常琐碎的小事我也很难轻松地面对。在商场里看到颜色不一的产品时,我决定不下是买深色的还是浅色的;我的电脑反反复复坏了好几次,我一直在想是买台新的还是拿去修理。这真的很让人崩溃。"

在生活和工作的方方面面,霍莉都缺乏果敢的决断力。由此可见,她是一个极度缺乏自信的人。她过于害怕承担做决定带来的不良后果,所以才会缺乏独立的决策能力。

"我感觉自己快要疯掉了,这种情况每天都在折磨着我。一次丈夫准备出席一个重要的会议,他没有时间,因此我得去商场帮他挑选一套西装。当时销售人员向我推荐一套黑色西装和一套蓝色西装,实际上买哪一套都可以,可我一直犹豫不决。后来销售人员实在看不下去了,她建议我打电话询问我丈夫的意见,这才把我从这场纠结与痛苦的灾难中解救出来。"

霍莉为何如此害怕这种"二选一"的问题呢?做一个决定有这么难吗?但生活中我们都遇到过这种思虑过多的时刻,究其为什么呢?是因为我们在做出选择时就要为另一个没有做的选择负责。这是人人都明白的道理,恰恰也是困难所在:我选择其中一个选项,就意味着要失去另一个选项带来的好处。

在过度考虑这些因素后,为了逃避这种失去带来的"惩罚",霍莉最终将决定权交给自己的丈夫。

霍莉的问题真的是只要"不让她做决定"就能解决的吗?虽然"不做决定"的确可以让她免去心理层面的"罪恶感",但这种"不作为"的习惯同时也会让她患上严重的拖延症。她不仅失去了做决定的能力,就连积极参与生活决定的兴趣也消失了。只要不做决定,她就可以把眼前问题无限期地拖延下去,直到退无可退时由另一个人来解救她。这显然是一种不负责任的做法。

我们不要忽略这样一个事实:"不做决定"本身就是一个决定,这种决定在绝大多数情况下还会产生负面影响。这和康克斯的观点一致,从这一点来说,提升决策力对霍莉来说是十分必要的。

对生活中琐事的选择并没有对错之分。不管我们做怎样的决定，都不会给生活带来太大的麻烦。面对这种情况，我们为何不抛掉头脑中那些复杂的对比分析，充分用自己的直觉爽快地做出选择呢？就像霍莉为丈夫购买西装的案例，她可以先随意买一套，如果对没买另一套感到遗憾，过段时间再买也行，而且还可能会赶上打折。事实上，她并没有损失什么，所以完全没必要纠结不已。

当然，在生活中我们经常要面临一些让自己两难的选择。此时，我们可以放慢选择的速度，避免出现快速决定带来的后悔。

例如，面对下述情况时，你可以进行较长时间的思考，运用分析思维做出理性的决定。

### 1. 当决定很重要，而且可能会带来严重的后果时

比如，你的恋人突然提出结婚的想法，你是答应还是不答应？你若做出错误的决定，很可能导致严重的后果。这时，你就不要过于相信自己的直觉，千万不要冲动地急于做出判断。

### 2. 当选择的结果不可逆转时

一个典型的例子就是整容手术。我们一旦决定整容，就要接受再也不能恢复自己原来的模样这一事实。而且整容手术风险较大，一旦整容失败，对自信心的打击和对身体的摧残无疑是非常严重的。在一些重大的、不可逆转的选择面前，我们必须保证自己判断的正确性，而在此时，我们应该深思熟虑后再做决定。

### 3. 当所做的决定需要做很多准备工作时

比如买房，在做出购买决定前，肯定要花时间了解市场，多看

几套房,并向专业人士咨询。在这种情况下,"犹豫不决"反而是非常合理的保护性行为。

### 4. 当所做的决定要对第三方负责时

这种情况常常发生在一些重要的时刻,并且你所做出的决定会极大地影响其他人的利益。比如,你是一家公司的人力资源部经理,公司决定裁掉一部分员工以度过危机,这时决定留下哪些人和裁掉哪些人,对公司未来的影响是巨大的,也关系到员工的前途。再比如,你的孩子拿到驾驶证的第一天,你是放心地把方向盘交到他手中,还是选择再等一等?此时,你尽量不要马上做出决定,要经过深思熟虑后再慎重决定。

### 5. 当你做出的选择常常出错时

一位创业公司的老板对我说,他这几年做了无数次错误的决策,致使公司错过很多发展机会。这也导致他现在不敢轻易做出任何决定,哪怕是公司要拿出几万元钱给一个小项目做宣传,他也要召集项目负责人和宣传人员进行长时间的讨论。如果事实证明你的第一判断经常是错误的,不论是出于专业原因还是能力、眼界的原因,都不要让自己插手这些事情的决策环节。面对这种情况,最好的处理办法就是授权相关人员去做决定。

### 6. 当要决定的事情会持续很长时间时

大量事实证明,那些交往很久却未迈入婚姻殿堂的情侣都对未来有着深切的担忧。他们犹豫到底要不要结婚,并对即将做出的决定产生怀疑。

我们对要做出决定的事情犹豫得越久,就越难以评估后果。就像婚姻，两个人一旦做出决定，就关乎彼此一生的幸福。所以当遇到这类问题时，你花一定的时间去认真思考是非常有必要的。

7. 当你对需要做出决定的领域并不擅长时

擅长的事情要果断决策，让结论直达本质；不擅长的领域要谨慎对待，要有勇气面对自己的无知。假如你是一个典型的文艺工作者，你的建筑师朋友却让你替他决定一栋建筑应该采用哪种承重结构，这时你要做的不是犹豫不决，而是直接拒绝对方的请求，坦白自己对该问题的无知。

无论是给出意见还是表达拒绝，都可以运用本节所主张的"简单法则"：应当马上做出判断的，就不要浪费时间。一个人如果自身的经历不够丰富，那么他做事瞻前顾后、犹豫不决则是很正常的。世事经历得少，自然对问题缺乏判断力，就如同我们在前文中提到的霍莉一样。但有很大一部分人之所以犹豫不决，既不是因为不自信，也不是因为经历太少，而是好高骛远。他们想得太多而做得太少，因此在做判断时就会瞻前顾后，绕来绕去，空耗时间却没有实际行动。

一个年轻人决定下海经商，他的朋友建议他炒股，说可以赚大钱。年轻人顿时满腔热血，可是去证券公司开户时他突然又犹豫了："炒股的风险太大，我还是等等看吧！"后来又有朋友建议他去学校代课，有了经验就可以在外面开培训班，这也是一种创业。他想了想，感觉这个创业项目风险确实很低，于是便答应了。可是等到要去学校报到时，他又转念一想："代一节课才几百元钱，收入太少了,根本没意思。"就这样,年轻人在犹豫不决中一晃就是三年,最后一事无成。

一天他路过一片果园,见到树上果实累累,便对旁边正在休息的老农说:"上帝真是恩赐了您一片肥沃的土地啊!"老农回答说:"那你最好来看看上帝是怎么在这儿耕耘的。"

很多时候,我们都应该让自己简单一些,放弃那些复杂的"脑回路",让思考痛快一点,要做什么立刻就去做。在这个过程中,我们不要害怕失去,也不要计较得失。我们要给自己一个坚定的信念,树立明确的目标,然后勇往直前。

## 有些步骤不能忽略

我们要解决一系列有关直观思考的程序问题,帮助你在"似是而非"的信息中更快地找出正确的答案。在日常生活和工作中,我们在观察事物时会发现很多问题都披着伪装的外衣,具有难以分辨的迷惑性。

史密斯在一次讲座中提到他与客户进行商业谈判的故事。他说:"尽管双方互相提防,充满不信任的气氛,但我们仍然要努力看到对方的诚意,以期达成圆满合作。谈判就是揭开各自伪装的过程,逐步触及问题的实质。所以,一个谈判高手通常也是一个卓越的观察者,他的洞察力一定非常强,能够在第一时间看到事情的真相。"

借助于谈判这一极具欺骗特征的行为,史密斯提出8个问题供人们思考:

(1)当方案A成为"必选项"时,你还会考虑其他现成的替代方案帮你达成目标吗？

（2）你有什么依据可以用来判断替代方案B或C有可能比方案A更适合帮助你达成目标吗？

（3）随着时间和环境的变化，之前的因素对你还有参考价值吗？你认为问题的结论是否依赖于某些特定的时间或事件？

（4）我们的每个判断可能产生的后果是什么？可能性有多高？

（5）你采取行动的时机如何判断？这是否意味着你会放弃一些其他机会？

（6）如果你做出一个判断，即做出一个选择，那么什么将会发生？什么又不会发生？

（7）你辨别事物真伪的标准是什么？有没有区分于他人的标准或体系？

（8）你是否会从不同的角度思考问题？是否会从系统化的角度来看待事物的每一个元素？

史密斯认为，这8个问题是人们在生活中会经常遇到的。通过对这些问题的回答，你可以找到方案，制订达成目标的计划。

首先，原则上讲，我们要战胜"自我欺骗"，在那些复杂而具有欺骗性的信息中，许多信息其实都是大脑自行创造的，就是为了让我们相信某些"既定的结论"。没人可以做到绝对的客观，但至少不要不假思索地接受潜意识提供的答案。

其次，要考虑到不同的可能性，对事物和问题的发展要有充足的心理准备。没有事物是一成不变的，今天的问题到了明天也许就不再是问题而是机遇，今天的机遇到了明天可能就会演变成一个陷阱。问题是，你能否及时调整心态并用开放性的视野与思维面对这些变化的事物。

## 一、影响判断的"偏见"

现实中，影响我们做出判断的因素有很多，最常见的因素有：

### 1. 个人兴趣

每个人都有自己的兴趣，兴趣不同，对同一事物做出的判断也会有所差别。如果差别过大，有时甚至会得出完全相反的结论。

### 2. 情绪或心理波动

随着情绪的波动或心理状态的变化，人们对于同一事物的判断也会产生不同结论。面对阳光明媚或狂风暴雨的天气条件，人们对"出门购物"这件事情的看法就可能持相反的态度。人们心情不好时，看待问题也会变得消极。

### 3. 性格问题

性格上的差异深刻影响着人们对问题的判断。面对不利的变故，积极的人看到的是机遇，消极的人看到的是灾难。性格决定了一个人所要采取的行动，乃至决定一个人的命运。

### 4. 立场

立场决定了我们对某些问题的倾向性。有些人喜欢"拉帮结派"，组成各种阵营。在这种情况下，立场便成了判断的主要依据。你所看到的未必是你真正想要的，你内心认同的也未必是你主张的。

### 5. 环境和时间因素

在不同的环境中，或者随着时间的变化，我们的心态、阅历和观点都会发生改变。极端的环境最容易让人产生偏见，比如在愤怒或压抑的环境，我们对积极的事物也很难接纳。俗话说"此一时，彼一时"，表达的就是环境和时间的变化对人的思维的影响。

总有一些因素导致偏见，但有什么方法能够克服这些因素呢？我们从生活得出的结论中存在偏见的概率有多大？我们进行判断和价值分析的依据是什么？弄清上述问题，有助于我们从复杂多变的信息中迅速发现有力的根据，直至看到事情的真相。

## 二、用假设来证伪

一个很好的证伪方法就是"假设"。

（1）我的目的是什么？
（2）我的方法是什么？
（3）我的判断是什么？

带着这三个问题，我们可以提出不同的假设，并用每一种假设去检验自己的评估和初步结论。比如，当你发现一门很"诱人"的生意，合伙人向你许诺60%以上的回报率，而你只需要拿出20万元并耐心等待6个月，就能赚到12万元。很显然，世上并没有这么好做的生意，如果有，那也将伴随巨大的风险。你如何在5分钟之内就看穿合伙人的小把戏呢？

这时的三个问题是：

（1）我是不是想赚钱？

答：是。

（2）我是否有能力驾驭这门生意？

答：没有。

（3）我对这门生意的判断是什么？

答：风险很高。

这是很简单的逻辑问题，你只需发现其中的关键并做出评判，整个问题的本质就会呈现在眼前。于是，你不仅拒绝了合伙人的邀请，还可能会在回家之后就删掉他的电话号码，因为他就是个骗子。

可以说，识别骗子有以下两个步骤：

第一步，对每个问题都要提出假设。

包括我们在执行任务时每一个可行的方案，都要做出恰当的假设：假如可行，能达成目标吗？对与其有关的每个观点都要问一句：我的想法是对的吗？如果它是对的，在用结果证实之前我能采取的方案是什么？我能否在结果出来之前便进行证伪？

第二步，要完成假设，预先要知道些什么？

我们关心的问题是，对某一事物或要求做出判断时，我们总要收集一些必要信息。但在信息搜集过程中，证伪同样重要。首先，你必须知道什么样的信息能够帮你做出判断；其次，你必须懂得对信息源进行分辨，并且知道哪些信息才是关键，哪些信息具有欺骗性。

## 三、合理地评估风险

史密斯在面对公司生死存亡的选择时，总会走到顶楼对着天空大喊："我不知道！我到现在依然不知道！但我知道，我必须要做对！"他在这期间的决策压力可想而知。

选择就意味着风险，不管最后的决策如何，都要面临失败的可能性。因为做决策不是做实验，实验可以反复求证，只要最后得出正确结果就行。但决策只有一次机会，有时一念之差就决定着整个企业的生死存亡。

任何一个管理者都要面临直观决策带来的风险考验，正确的决策多数都带着一定的偶然性，而错误的决策大部分都是必然的。

企业管理者不能因为害怕决策失误就不做决策，因为"不做决策"本身就是一种决策，和"默认"是一个道理。管理者要从偶然和必然中找出确定的部分，尽量避免不确定的部分，这样才能减少失误。

尚德集团创始人施正荣在2005年曾跃居中国大陆富豪榜榜首并为此而声名大噪。但到2013年，尚德集团却宣布破产了。纵观尚德集团的兴衰历程，你会发现其失败的原因大部分源于施正荣决策的失误。

"他的想法太多，随意性太强，什么都想做，虽然其中一些决策是对的，但大部分都失败了。"尚德集团的一位高管说。

施正荣在成为人们口中的"施总"前，被称为"施博士"。他是个科学家，1988年他被派到澳大利亚新南威尔士大学留学，在留学期间他便拥有了10多项太阳能电池技术发明专利。2000年，施正荣回国创业，创立尚德集团。2005年尚德集团上市，这时的施正荣已经成为中国大陆的首富,他的事迹被各大杂志争相报道,有人称他的故事为财富神话。

根据尚德集团的战略计划,原定2009年在上海投入3亿美元建造传统薄膜电池工厂,项目建成后,第二年可实现电量400兆瓦的产能。然而当年7月份,施正荣却突然叫停项目,将其改建成晶硅电池工厂。此时项目一期已经完成,中途叫停,直接造成数千万美元的损失。当时很多人对此强烈反对,施正荣却毫不在意。他对外的解释是:晶硅电池的应用前景优于薄膜电池。但事实恰好相反。施正荣作为太阳能博士,他不可能不知道这一点。他当时的决策充分说明了他在用试验的方法试错,没有意识到自己并不是在做试验,而是在管理一家企业。

施正荣的这种"直观判断"为他的企业埋下祸根,后来尚德集团屡屡出现战略失误,损失惨重。直到2013年,伤痕累累的尚德再也经不起折腾便宣布破产了。可见,决策者的判断对企业多么重要。

遵循"调查"和"实践"的准则。美国著名管理学家赫伯特·西蒙说:"决策过程中至关重要的因素是信息联系,信息是合理决策的生命线。"这与我们常说的"没有调查就没有发言权"的道理有些相似。

首先,做决策前要尽可能翔实全面地搜集对比资料和信息,这样才能避免因资料不全和信息遗漏而做出错误的判断。

其次,进行信息采集和调查研究越多,越能令决策清晰。有些问题看似无解,但随着调查的深入,答案便会慢慢浮出水面。因此,可以说获取信息是降低决策风险的关键所在。

最后，用概率思维推算决策的成功率。决策总是面向未来的，因此总带着不确定性。决策者虽不能对可能出现的所有风险都给出完美的应对方案，但可以根据已经搜集到的信息对未来做出推断和预测，并根据事件发生的概率估算出期望损益来评价项目的风险。

对此，我们可以使用"决策树法"：

第一步：根据企业战略，写出短期和长期目标，以及要解决的困难和问题；

第二步：写出要实现的目标以及可以采取的所有方案；

第三步：在每个方案的下方列出实现的方法（越多越好），以及可能出现的各种结果。

举例来说，某企业今年的目标是实现利润的持续性增长。可选方案有三：

方案一：扩大规模

实现利润增长1000万元的概率为5%。

实现利润增长500万～1000万元的概率为20%。

实现利润增长100万～500万元的概率为30%。

扩大规模失败，亏损1000万元的概率为10%。

方案二：增加新项目

实现利润增长1000万元的概率为8%。

实现利润增长500万～1000万元的概率为25%。

实现利润增长100万～500万元的概率为35%。

增加新项目失败，亏损1000万元的概率为20%。

方案三：投入更多的研发资金

实现利润增长1000万元的概率为20%。

实现利润增长500万~1000万元的概率为38%。

实现利润增长100万~500万元的概率为50%。

研发失败，亏损1000万元的概率为5%。

计算损益率的方法：把每个方案中出现的每个结果的损益值与发生的概率相乘，然后相加求出总和。上述数字是我们随机列举的，并不真实，决策者可以根据自身的实际情况并参照这种方法，估算出决策的正确率与错误率，从而减小决策的风险，提高决策的客观度和准确率。

## 只指出方向，不判断对错

一个高中生想辍学去学音乐，父母立刻发动亲戚朋友反对他，因为他们认为"学音乐"是不务正业。结果孩子产生逆反心理，不顾一切地与父母对抗。另一对父母也遇到同样的情况，但他们没有急于否定孩子的想法，而是给了孩子三种选择：

第一种选择：放弃学业，专门学习音乐

几年甚至十几年后，你也许会成为知名歌手。假如你成功了，你会成为他人眼中特立独行的榜样，但如果失败了，你就永远都是别人眼中的"文盲"。

第二种选择：放弃音乐，专心学习

也许你会考上一所很好的大学，未来会找到一份不错的工作，但放弃音乐会永远成为你心中的遗憾。

第三种选择：完成学业，同时学习音乐

你在主要时间认真完成学业，课余时间参加音乐补习班，如果有机会，还可以参加各地的歌唱选拔比赛，学业、音乐两不误。

在考上大学保住基本竞争力的同时,你还有可能在音乐上有一番作为。

孩子听取了父母的意见后,认真思考了几天,决定选择对自己最有利的那条路:边完成学业边学音乐。

面对同一个问题,一对父母企图用"对错"说服自己的孩子,没有起到很好的作用;另一对父母则是给孩子指出方向,让孩子自己选择。不得不说,"指出方向"的这对父母更有智慧。因为孩子的世界观与大人不同,他们认定的对错可能恰好与父母相反,想要扭转孩子的心意,就要告诉他不同选择的后果,让他自己去判断,而不是直接告诉他哪条路是对的。

工作中,领导者为员工指出方向,能极大地节省纠错时间,提高员工的工作效率。

一个员工在工作中经常犯错误,部门主管每天都不停地批评他,这位员工却总是犯错。一天,主管向这个员工要一份出差的报销文件,结果员工把发票贴错了位置,主管大发雷霆,决定马上开除他。这时,公司老板恰好经过,便询问他为何生气,主管对老板说明了情况,老板问主管:"你之前是怎么跟他说的?"主管说:"我让他把我出差的报销文件准备好,记得贴上发票。谁知道他一点学习能力都没有,贴个发票也能贴错,不明白就不会去问问知道的同事吗?"

老板说:"你说到点子上了,有些员工确实缺乏悟性,所以我们在管理时也要注意方法。比如这个员工,你可以让他去帮你准备报销文件,不明白的地方问财务。你给他指出一个方向,这样就能避免许多错误,还能提高他的工作效率。"

很多管理者都遇到过这样的员工，对其屡次批评、指正，他们却没有任何进步。其实不是员工"笨"，而是管理者的管理方式不对。对管理者来说，在传达指令或决策时最重要的是指出方法，而不是判定对错。

那么管理者在传达指令或者决策时，要注意什么问题呢？

### 1. 要先确保事情的正确性

做成一件事的前提条件必须是"这件事是正确的"，这是方向问题，如果一开始方向就错了，即使付出再多的努力也是白费。这就是我们在管理中经常讲到的"做正确的事"。

比如一家企业生产了某种产品，虽然质量合格，价格也很合理，但就是卖不出去。如果这家企业不能顺应市场，产品做得再好，没有人买，对企业来说也是枉然。这比企业做了有市场但质量不合格的产品更可怕，因为产品质量不合格还可以改进，但发展方向错了却有可能导致企业破产。

一个人可以在做事的过程中犯错误，但不能在错误的道路上越走越远。只有在"做正确的事"的前提下，我们才能进入"正确做事"的流程。所以，当无法做出正确的选择时，我们宁可不做决定，也要等方向明确了再去做。

### 2. 不要只盯着眼下的需求，而要看未来需要什么

做决策并不是一件易事，因为做出决策就要对其负责。与此同时，很多决策都是具有前瞻性的，不能仅凭当下的形势判断：也许

现在看来是正确的，在未来却是错误的；现在看起来是不可能的，在未来却可能是发展大趋势。如何制定正确的决策是对管理者观察力的极大考验。

你若只盯着眼前的利益，就只能收获当下；只有把眼光放长远，才能看到未来的趋势，未来的收获将不可估量。决策者在制定企业的未来战略时，一定要看到更远的地方，才能将公司带向正确的方向。

那么，面对决策难题时，管理者要怎样做才能少犯错呢？

### 1. 明确目标

不管是制定短期目标还是长期目标，首先目标要是明确的，不能模糊，且不能随意改变。比如企业今年的目标是"营业额达到1000万元"，这个目标就是明确的；"加快科技创新的脚步"这个目标就是模糊的，因为没有具体的数字，"加快"是怎么加快？怎样才算是实现了创新？模糊的目标最后都会变成口号，说得好听点叫"愿景"，实际上并没有确切的意义。

### 2. 划定方向，动态调整

事实上，真正意义上的决策都是动态的。管理者可能制定了战略方向，但在瞬息万变的市场中，随着时间的推移，当初的战略也许不再适应当前的市场环境，这时就要求决策者重新确定战略方向，对之前的决策做出调整。

### 3. 决策者不要害怕出错，更不要急于求成

谁也不是圣人，即便经验丰富、阅历超群的人也有迷惑的时候。决策者不是神仙，他们所处的位置决定了他们永远都要在"不确定"中选出"确定"的选项，但决策者不可能同时预料到所有的可能性，他们总有犯错的时候。既要保证正确，又要允许犯错，在这种矛盾的处境中，决策者要不断地进行反思，不断地调整自己的思路和决策方法。只有一直做长远的打算，企业才能真正长久地发展下去。

# 第六章 06
## 优秀领导者的直观判断力

## 从开始就放弃控制

之所以放弃控制，是因为我们意识到"无效的控制"对管理是有害的。

这几年，我见过许多领导，他们大多是控制型的。通常他们都有一个特点：权力极大、麻烦极多。每件事情他们都要亲自过目，案头文件堆积如山，待接电话排到一个星期以后……他们像勤于政务的皇帝，累得无法睡进自己的寝宫。

有人说，有多大的权力就得肩负多大的责任。领导担负大任没错，但"大事小事一把抓"则是缺乏管理智慧的表现。聪明的领导者从不会把自己累得半死而让员工逍遥自在，一个企业如果做到这份儿上，就该关门大吉了。

领导者的目的在于取得结果，而不在控制权力。有些领导对下属的工作一一过问，生怕出了纰漏，看似是保障工作进度，却极大地限制了员工的自由，不同程度地打消了员工的积极性，阻碍了员工创新能力的发挥；还有一些领导不信任下属的工作能力，每天忙得像陀螺一样，到头来依然完不成工作计划。

这种领导方式是缺乏理性的，正常情况下是人推着事情前进，而对"控制狂"型领导来说则恰好相反，他们被事情赶着走，心中充满焦虑，感觉没人能代替自己完成工作，下属都是不合格的。

对传统的制造型企业来说，控制型领导是有益的；但在互联网时代，工作形式已经发生改变，员工除了追求薪资待遇、管理权利和上升空间，更追求工作的自由度。他们不喜欢循规蹈矩，因为那样无法自由发挥才能；客户也更希望参与到产品的开发和营销过程中，而不是被冷漠地告知"我想要什么""你要达到我的标准"。

现在越来越多的领导者已经开始意识到这一点：相对于自上而下传达命令的指挥官式的管理方式，"放弃绝对的控制权，开放共享式的管理"或许能取得更好的效果。

在此，我总结了各个行业中大多数领导者运用的四种领导风格：

### 1. 指挥官型

"指挥官型"是最常见的领导风格，他们只负责确定不同阶段的任务目标、分配工作内容，并告诉下属须如期完成。这种风格很适合大规模的生产制造型企业，但不适合创意型产业。这点可以参照流水线上的工人，他们非常乐于参照领导颁布的"标准"，听从指挥即可，几乎不需要发挥主观能动性。不过，对于想要有"参与度"以及有着强烈主人翁意识的员工来说，这种领导则是他们最不想见到的。

## 2. 沟通者型

"沟通者型"领导会描绘出发展前景，让员工明白公司未来的发展方向是什么，要朝着哪个方向努力。但这并不意味着沟通者型领导是理想主义者，因为目标的制定是为了产生激励效果从而产出更多的效益。在服务业，沟通者型领导风格普遍适用，它可以指导和引领员工完成业绩目标。

## 3. 合作者型

"合作者型"领导擅长用权力激励员工，他们会把合适的人安排到适合的岗位上，给予员工相当程度的自由并非常鼓励创新。在这种领导风格下，企业通常能充分挖掘出员工的创意，与客户实现共赢。在互联网时代，由于很多新型公司的崛起，合作者型领导方式已经渐渐成为最受欢迎的领导风格。

## 4. 共享创造者型

这种风格主要适用于互联网公司，"共享创造者型"领导就像项目发起人，在员工或客户实现既定目标的同时又追求个人目标的实现。在这种领导风格下，相关利益人的参与度和活跃度都非常高，在这种氛围下企业能得到快速的发展。

在互联网时代，领导者要想实现高效管理，靠"大棒"管理已经很难奏效，若想让员工自愿地追随领导的脚步，就要"分享"控制权，让有能力、有责任感的人"代替"自己去实现。

当然，放弃控制权并不容易。领导者需要评估自己的能力，并通过某些方法找到可以"代替"自己执行的人，可参考以下具体的做法。

### 1. 找到能够支持你发展的外援

如果你无法放弃控制权，就最好想办法寻找一个擅长这种风格的人。因为"放权"本身就具有一定的难度，置身其中的人通常很难发现自己的问题。如果有经验丰富的前辈指导，做起来就会容易很多。当然，年轻力量的注入也是一种不错的方法，领导者可以多听听年轻人的意见，加快对时代潮流的认识及个人的转变。

### 2. 进行工作模式的创新与讨论

领导者的控制欲与商业模式有着很大的关联，要"下放"自己的权力，可以选择与团队定期进行工作模式的讨论，给予员工足够的成长空间，保持好的耐心。同时还可以多多学习互联网企业的领导模式，加速打破自己的管理局限。

### 3. 建立可衡量的考核标准

领导者放弃控制权并不意味着对管理工作置之不理，而是转变控制方式，由"棍棒指挥"变为"业绩考核"。领导者可以用合理的指标去考核员工的优秀程度，让管理张弛有度。

任何一位能力强大的领导者，他的精力都是有限的，因此要学会放弃控制，把企业的执行权"下放"。因为仅凭个人的努力不可能将企业做大，只有依靠大家共同的力量，才能推动企业的发展与进步。

一个分身乏术的领导者根本没有精力思考，而放弃控制能让自己有更多的时间来思考企业的未来，增强自我的判断力和前瞻力，这对企业的发展大有裨益。

## 积极的自我预言

我们做出的预言能否实现呢?答案是:能。

如果你对一个人怀有某种期待,那么这种期待就会在无形中影响你对他的认识。这些认识也会引导他向你的期望迈近,最后这个期待"一不小心"就会变成现实。

在生活中,我们常常会进行自我预言的验证。早上起晚了,你会说:"完了,上班要迟到了,今天估计要倒霉。"在这种状态下,你的情绪就会变得低落,行为也会变得消极。尽管自己可能并未察觉到,但你今天确实就过得很糟糕,你的行为便验证了自我预言。

心理学中有个著名的罗森塔尔效应,是指人对某种情境产生一定的知觉,从而形成适用于这一情境的期望或预言。

1968年,心理学家罗伯特·罗森塔尔和他的助手一起去了一所小学,并声称他们要进行一项有关学生未来发展趋势的测试。在经过一番"智力测验"后,他把一份写着

"最有前途的学生"的名单交给老师,并叮嘱其一定要保密。其实这份名单并不是严格筛选的,而是随机抽取的。但实验结果却令人惊讶,名单上被视为"最有前途"的学生的成绩确实有了很大的进步,他们的表现也比以前好了很多。

为什么会产生这样的结果呢?这正是预言的"自我实现"的作用。罗森塔尔把那份"权威"的名单交给老师时,对老师的心理和行为起到了暗示的作用,影响了老师对学生的评价。而老师又把自己的情绪、态度、期待传递给学生,使学生感到自己深受老师的喜爱,从而受到鼓舞,变得更加自信、更加努力,最后他们真的变得更加优秀。

你心里怎么想,预言就会怎样实现。换句话说,你期待什么,就能得到什么。一个乐观主义者相信事情总会顺利进行,结果他就真的能顺顺利利地做完那件事;反之,你若不相信自己能有所成就,就一定会不断地遭遇挫折。我们的行为总是会受到心理暗示的影响,所以,赢家总会以积极的期待实现自我预言。

观察那些取得非凡成就的成功人士可知,在遇到挫折时,他们总是保持着乐观的心态并且坚信自己最终能取得胜利。结果,他们真的就能坚持到成功的那一天。

从小到大,我们的生活都在受自我预言的影响:上学时,父母希望我们考上好学校;工作时,老板期望我们做出好业绩;我们期望自己的另一半上进努力,期望儿女乖巧懂事,期望同事好相处……这些期望对我们的生活有着很大的影响力,如果我们能善加运用，那么我们生活的每一天都会充满积极的自我实现的力量。

我们常听到不满的妻子数落老公的不是，你这也做不好那也做不好，简直是个废物；也常见到发怒的老板痛批下属的失职，这点小事你都做不好，对你太失望了；也曾亲身体验迷茫时期的自我否定，自己好像什么都不擅长，简直一无是处。

批评如重锤般打击着人们的信心，使人们在自我预言中失去了直观判断力：我是不是真的一无是处？我是不是真的身无长处？我是不是就此完蛋了？……这些充满否定的评价使人们陷入消极的暗示中，变得沮丧，不自信，不敢有所行动。人们一旦长期沉浸在这种情绪中，就会让这些自我预言变成真的。

老公做什么都出错，让妻子越来越不满；下属畏畏缩缩不敢冒险，让老板越来越失望；我们干脆放弃努力和尝试，让自己越来越怀疑人生。如果换一种方式呢？

妻子对老公说："虽然你最近表现不尽如人意，但我相信你下次一定能做好。"

老板对下属说："虽然这件事你没有做好，但我依然相信你的能力，只要好好努力，你就会更优秀。"

我们对自己说："我有很多事都做得不够好，这说明我还有很大的成长空间，我还年轻，总有一天我会成功。"

把批评的部分"委婉"化，用肯定和赞美的语言启动积极的自我预言，既能让人意识到自己的不足，又能让人倍受鼓舞。每个人都渴望获得掌声与肯定，有时一句简单的话就能给人带来砥砺奋进的动力。

一个在鼓励与支持中长大的孩子通常会比在批评与反对中长大

的孩子更容易获得成功。在鼓励与支持中长大的孩子拥有一种天然的自信，在批评与反对中长大的孩子则怀有深深的自卑。这些评价会在孩子的心灵深处留下烙印，在他们成长的每一个阶段都会不断地跳出来进行自我预言的验证，尤其在遇到挫折时。

自我预言在悄悄地发生作用，我们受到的"期待"和"不被期待"都有可能在将来的某一天变成现实。并且，自我预言还会影响当下的判断力，让人看不清自己的真实处境，因此有的人成了"无可救药的乐天派"，有的人成了"扶不上墙的烂泥"。

有人说：做事的能力能给我们带来机会，而做人的能力则能给我们无数种可能。积极的自我预言是一种零成本、高回报的引导力，成功的领导者都很擅长用赞美进行自我预言。他们总是像智者一样指引员工找到属于自己的方向，让他们获得信心。学会做一个"给人无数种可能"的领导者吧，让员工在积极的自我预言中实现你对他们的期待。

## 不可或缺的"预见力"

王先生说:"领导者准确预测未来的能力,决定了企业一半的命运。"

7年前,王先生在上海一家中型文化公司做图书发行,那时纸质书市场已经开始陷入低迷,而互联网、智能手机正如火如荼地发展。大型电商如谷歌、亚马逊等纷纷涌入电子书市场。王先生觉得,电子书取代纸质书是未来发展的趋势,就像当年数码相机取代胶片相机一样。

于是他向自己的老板提议,专门拿出一部分资源来发展电子书市场,然而他的老板却认为电子书不可能取代纸质书,现在进入市场为时过早。没过多久,王先生便辞职了。前几日他从以前的同事那里了解到,他的老东家已经倒闭3年多了。在众多小型图书公司经历一番倒闭潮之后,由于纸质书销量急剧下降,他原来的老板也试图向电子书市场转变,但为时已晚,电子书网站没做多久便运营不下去了。

一个领导者的直观判断力决定了他能否看到未来,这是领导者最重要的能力。这要求领导者必须具有卓越的洞察力和分析能力。

领导者不需要多大的技术才能，一双聪慧的眼睛足矣。自己不懂技术，请懂技术的人来；自己不懂财务，请会计来做；自己不懂管理，请职业经理人来管理……领导者要做的是指出一个正确的方向，坚定自己的信心，让有能力的人帮助你实现目标。

哈佛商学院教授麦克法兰说："企业成败的80%由领导者的决策决定，管理因素只占20%。企业增加一个劳工的经济增益为1.5%；增加一个技术人员的增益为2.5%；增加一个高水平的决策者，增益可达到6%。"可见领导者的决策水平多么重要。

但形成具有"远见"的决策说起来容易，做起来却很困难。很多情况下，决策者要面临短期决策与长远决策的冲突，并且在两者之间做出抉择，这是最考验决策者的。不过，世上没有绝对正确的决策，毕竟谁都不是预言家，绝大多数好的决策都是处在"正确的方向"和"可调整的策略"之间，只要方向没错，执行过程就可根据具体情况做出适当的调整。

因此，领导者需要不断修炼自己的决策能力，在当下看到将来可能发生的事情，这样才能走在行业的前列，使企业得以长远发展。

那么要准确预见未来，需要具备一些什么能力呢？

### 1. 洞悉情势的能力

一个敏锐的人，能够快速、准确地抓住问题的关键，从繁杂的信息中抽丝剥茧，找到其核心。企业能否走在大趋势的前面，很大程度上取决于领导者的洞察力是否犀利。洞察力强的人能洞悉别人所未见的情势，先于他人找到赢利的关键，看到未来。这是一种强大且无法被复制的能力，领导者要多关注行业发展趋势，注重创新，多分析总结，有目的地锻炼自己的洞察力。

## 2. 决断的能力

有利的发展趋势出现了，能否抓住机会并带领企业走向新高度，靠的就是领导者的决断力。有些领导者做事不够果断，在机会面前总是犹豫不决，分析对比做了一大堆，总是想"看看再说"，却始终无法形成有力的方案，结果"看"过了风口期。市场竞争如此激烈，机会转瞬即逝，如果不能速战速决，就会在观望中错失良机。领导者必须拿出魄力，不要害怕失败，要当机立断，否则就会错失机会。

## 3. 随机应变的能力

某些领导者在制订计划、发展战略时能展现出深谋远虑的才能，但面对突发情况时却束手无策。对于领导者而言，要有随时解决危机的能力，凡事多想一步，当变化来临时可以审时度势，灵活处理。尽管应急方案可能不尽如人意，但对危机来说，"安全度过"就是最大的成功。领导者要有这种意识，时常预备好紧急调动小组，一旦出现问题，就能立即处理。

## 4. 永不止步的创新能力

一个思维固化的领导者不可能看到光明的未来，因为他的眼光永远停留在潮流之后。领导者要有创造性思维，不要抱残守缺，该改变时就要大刀阔斧，平时还要多关注新闻动向，多留意政策法规的变动，既要立足当下，又要放眼未来。

### 5. 甄别优劣的能力

领导者不是万能的，多数情况下他们都需要听取员工的意见。但收到的建议中一定存在正确与错误之分，领导者要有甄别能力，能够分析判断出哪些是好的建议，哪些是坏的建议。而且，领导者不能只听取那些符合自己胃口的建议，要多听反对意见，因为好的决策也常常由反对者提出。

## 如何建立卓越的影响力

企业领导都有这样一个共识：想成为一个好领导，就得学会"恩威并施"。所以，很多领导者都在训练自己：让员工既尊敬自己又害怕自己；让员工既感到约束，同时又能发挥主观能动性。

用强迫员工服从的手段建立影响力绝对不是一个好主意，因为"哪里有压迫哪里就有反抗"。领导者靠自己的权威镇压、指挥员工，员工就会产生逆反心理，表面服从管理，背地里却会偷偷反抗。这样的领导是无法赢得下属爱戴的，只会让人敬而远之。

最高的领导艺术是让人如沐春风的，领导者不需要挥舞鞭子，员工就会自主追随领导者的意志。这就是典型的"影响力领导"，领导者凭借自身的魅力吸引了一批忠实的拥护者，只须振臂一呼，就能驱动千军万马，推动企业的发展。那么，在管理中，企业领导者应该如何施展自己的影响力呢？

张主管和王主管分管公司的市场部和销售部，在一次主管会议中，两人对公司新上市产品的市场定位产生了巨大的分歧。总经理听着两人激烈的争论，觉得市场部的方案更符合公司产品的特质。但他并没有当场判定两人的对错，而是安抚好两人的情绪，让他们先冷静下来，会后再进行讨论。

总经理为何不在会议中给出明确的结论，以此终结两人的矛盾呢？其实，聪明的领导都懂得"无为而治"，在当时的情况下，他不能否定任何一方。两人是因为工作而发生争执的，总经理若在此时指出任何一方的问题，都会挫伤其自尊心和积极性。胜利的一方则可能会扬眉吐气、趾高气扬，以赢家的姿态耀武扬威。总经理此时的介入可能会加剧两人之间的矛盾，甚至可能导致双方由工作矛盾上升为私人矛盾，这对管理是很不利的。

在管理中，当下属之间发生争执时，领导者作为旁观者，不要随意介入。等需要决断时，领导者就事论事，公平公正，不以个人喜好做出判定，这样才能显示其权威的领导力。

以影响力领导团队，就是将自己隔离在事件之外但又对事件保持关注，在背后发挥积极作用，从而达到裁定、震慑的作用。

那么，领导者如何做才能发挥领导力并建立卓越的影响力呢？

### 1. 先学会做人再做事

领导者做人的能力比做事的能力重要得多，会做事的领导者未必能让下属心服口服，但会做人的领导者却能让人愿意跟随和效忠。因此，领导者要先学会做人。

浙江一家企业的赵经理说："我从来不批评业绩差的员工，但是我会选择最优秀的员工当众点名表扬。员工之间有业绩竞争,当你表扬优秀员工时,表现差的员工会形成心理落差并认识到自身的不足。我只要树立一个标杆,再顺势指点一下,他们就明白该怎么做了。"

我非常认同这种做法,业绩较差的员工在知道自己的绩效后,心里本就不太好受,领导者此时再责备训斥,会增加员工的压力,甚至会让员工觉得自己不受领导欢迎,马上就会被辞退。反之,领导者单独把业绩较差的员工叫过来,温和地指出问题并适当地给予鼓励,员工就会以不辜负领导的期望为己任,做事会更加卖力。

### 2. 权力"下放"

领导者想要提高自己的影响力,必须经过"权力下放"这一步。领导者要像猎人一样藏匿在草丛中,而不是像战士一样冲到一线,即使员工犯了错,批评与建议的任务也该由下属去做,而不是自己去训斥员工。

有些领导者始终不愿意"下放"权力,乃至拒绝谈论这个话题,其实他们并非恋权,而是他们对下属不够信任,觉得他们胜任不了相关工作。但他们只有找到合适的人,信任他,重用他,才能让自己脱离"事必躬亲"的烦琐工作。领导者只有退居后方,团队发展才能走上正确的道路。

### 3. 把姿态放低

领导者从亲力亲为到"无为而治"并非一朝一夕的事,但领导者首先要放下架子,将自己从权威中"解放"出来。

### 4. 无为而无不为

真正有影响力的领导是既不做什么具体的事但又什么都能做的。领导者虽不亲自参与团队工作以及各部门的具体管理，但他们在背后掌控大局，为整个企业的发展指明方向，为企业营造积极、创新的做事氛围……这都是无形的影响力。他们看似不怎么管理，实则一切尽在掌握中。

## 发现并满足不同人的需求

教育学中有个论点叫"马牛赛跑"。让马和牛赛跑，牛输定了，因此有人就下定论说牛不如马。牛真的不如马吗？如果我们让牛和马比赛犁地呢？结果又会变成马不如牛。其实马和牛是没有可比性的，因为两者擅长的领域大不相同。放到企业管理中，有的员工是"马"，有的员工是"牛"，我们不能一刀切，但领导者可以让"马"去打仗，让"牛"去耕地，这样两者都可以在自己擅长的领域发挥才能。

企业中每个员工的需求各不相同，有的渴望升职加薪，有的渴望权力，有的想要平台，有的只想做技术……领导者要因人而异，看到每个人的需求并把恰当的人放到恰当的岗位上。

有时我们会发现，某个员工在岗位上表现平平，毫无建树，经常被忽略，但领导者慧眼识珠，把他换到能施展拳脚的岗位上，他就如同换了一个人，浑身充满闪光点。

我们公司原来有一个前台工作人员叫凯瑟琳，她在公司一直是个默默无闻的小角色，每天除了打印资料、泡咖啡、收发快递，几乎没人注意到她。但有一天，她一眼就认出数月前只有一面之缘的客户，这让我非常惊讶。这不是一件小事，在我看来，凯瑟琳不应该待在前台这个小水池中，她应该到销售部这片汪洋大海中去。我询问了她的意见，没想到凯瑟琳非常高兴，她早就想到销售部大干一场了，只可惜一直没有机会。凯瑟琳没让我失望，她仅用了3个月的时间就成了"销售之星"，把总业绩做到了公司第一。

我能让一个员工从默默无闻到引人注目，只是因为将她放到其擅长的位置，让她充分发挥自己的特长。企业中的每个员工都希望获得成功，领导者要根据不同人才的需求和才能给予他们不同的成长空间，要像引路者一样，指引员工实现自己的价值。一般来说，领导者需要做到以下几点：

### 1. 知人还要善任

管理者的职能虽然是管人，但大多数情况下管理者根本不了解自己的员工。特别是在大公司，员工数量多，领导者可能连下属的名字都无法全部记住，更别说了解员工的性格、特长、兴趣爱好了。

员工在不合适的岗位上，无论对公司还是对员工自己来说都是一种资源的占用和浪费，员工看不到上升的希望，公司也看不到员工的潜能。但如果领导者知人善任，对员工多加关心和了解，知道员工的兴趣所在，并给他证明自我的机会，那么员工可能就会给公司带来惊喜，甚至成为业内非常厉害的角色。

## 2. 给予下属尊重和公平

有些员工的岗位很不起眼，在给公司创造利润价值上没有多大的作用，常被领导忽视。领导者一定要避免这点。既然公司设置了这个岗位，这个岗位就必然有它的作用；对每个岗位要一视同仁，给予员工充分的尊重。在竞争过程中，要公平地对待每一位员工，不要吝啬自己的赞美和鼓励。要知道，你的一句话就会成为员工奋斗的动力。

## 3. 积极挖掘员工的特长

我们要挖掘员工的特长，前提是管理者要对员工进行初步的了解。现在很多公司在招聘时都会让员工填写一张信息表，便于公司了解该员工的背景、学历、专业技能、性格、爱好等。在这些信息的基础上，公司可以对员工的能力做出评估，从而保证在安排工作岗位时更加合理。公司内部也可以定期对员工进行考察，对热点问题进行讨论，从员工对这些事件的认知中能看出员工的思维方式，从而判断是否需要对其进行调岗。

美玉要发出光泽，首先需要一个发现并能够打磨好它的人。员工想要优秀，也需要他的伯乐。再优秀的人才，如果一直被埋没在不合适的岗位，其斗志也会慢慢消失，甚至变成平庸的人；再不起眼的人，一旦有了适合自己的发展平台，也能找到让自己发光、发热的机会。领导者不仅要了解员工的能力，还要关注员工的心灵，比如员工是否对工作有热情，哪些困难打击了他的积极性，他希望公司能提供给他些什么机会，等等。领导者清楚地了解了这些内容，不但能拉近员工与公司的距离，还有利于增强员工对公司的忠诚度。

# 07

第七章

## 是什么在抑制我们的直观判断力

## 抱残守缺的错误认知

近几年，我接触过很多中小型企业的管理者，他们有着相似的状态：眉头紧锁，面色凄惨，看谁都是一脸的苦大仇深。全球经济疲软，很多企业倒闭，大批企业在半死不活中挣扎。如果你去研究这些企业，就会发现其中大多数管理者都是靠跟风、模仿、投机起家的，他们也许一时半会儿能解决温饱问题，可一旦面临危机，其管理的弊端就会暴露无遗。简单来说，他们没有"未来发展"的战略意识，习惯走一步看一步，用过去的经验解决问题。管理者若抱着这种观念经营企业，企业的寿命就注定不会长久。

不仅是小企业，一些知名企业也存在同样的弊端。他们抱残守缺，不愿在思想层面做出突破，直到账面上出现严重的问题才会对现存的矛盾加以重视，但往往为时已晚。

比如，供职于北京某上市公司的J.K.沃尔特先生在评论三星公司近几年"不太美观"的财务报表时表示："三星的衰落要从内部找原因，我不认可一些人将此归咎于外部的激烈竞争的观点。三星早该意识到创新不足的问题，抱残守缺守不住固有的市场，如果不能推出更好的产品，手里握着再大的市场也会让其土崩瓦解。"

正如J.K.沃尔特所言，近几年，三星手机在硬件上一直依靠"微创新"，软件上则一直没有什么创意。销售渠道上，在互联网大热的今天，三星依然坚持运营商渠道以及自身的分销主体，对电商的崛起视而不见。此时，国产手机品牌纷纷拥抱互联网，降低销售价格，将目标锁定在追逐潮流的年轻人身上。而三星依然固守自己的高端身份，不愿与时俱进，结果在激烈的竞争中屡屡失败。

在任何时代，我们都不应太依赖过去的成功法则。时代在进步，旧的法则总会被推翻。我们与其被击败，不如主动推翻自己，这样才能迎来新生。

我的一个朋友以前在华为工作，收入很高，前途也一片光明，可这样的生活他并不满意，于是他决定"打破可预见的人生"，卖了房子和股票，拿上存款，开始下海创业。他是个很有想法的人，那时iphone 4手机在国内大受追捧，他决定做苹果的周边产品。他自主设计了一款像晾衣竿一样的充电设备，所有苹果系列的手机、平板电脑等电子设备都可以挂在"晾衣竿"上充电。产品一经推出，立刻受到大批"果粉"的追捧，仅靠这个创意，他就大赚了一笔。后来苹果5手机上市，充电插口标准变了，之前设计的一系列产品突然滞销，此时再从工厂里追回订单重新设计已经来不及，等他的新产品设计出来，市场上已经遍地都是了。他果断选择取消之前的订单，紧急叫停工厂的生产，以成本价处理了所有的库存产品。

工厂老板对他说："你把这批产品撤回去重新换个接口不就完了，根本用不着对自己那么狠，保本也比赔钱强。"

但他觉得，市场上已经有太多类似的产品，如果自己再把产品撤回换个接口，到头来可能并不能实现保本，甚至会比果断处理掉赔得更多。他已经有了新的思路，需要尽快把精力和金钱投入到新项目中去。这是因为他知道：

第一，我们无法兼顾过去和未来。面对旧项目与新项目之间的冲突和联系，我们只能选择其一。如果我们在保住旧项目中分散精力，想要开拓新项目就会变得更加困难。

第二，只有不再抱残守缺，才能真正拥抱未来。抱残守缺的认知会让我们停滞不前，而且还会错失很多机会，到头来可能会得不偿失。只有放弃这种思想，我们才能真正地拥抱未来。

## 赌徒谬误的偏向

如果你有炒股经验的话，就一定听到过类似的话："这只股票已经连续跌了5天了，估计明天会大涨。""这只股票已经连续涨了好几天，应该马上就要下跌了。"

不仅是股民，很多投资者都有这样的心理：他们认为一件事情不会持续产生同一种结果，而是会在不久的将来出现反转。这是典型的"赌徒谬误"。

你以为只有信息量很少的普通投资者才会犯"赌徒谬误"的错误吗？在华尔街做了十几年股票经理人的艾力克说："我见过很多策略分析师在电视节目和网络媒体上做出不负责任的推论，他们总是这样告诉投资者：'在经历了这样一轮大的行情之后，别期待再来一波大牛市，这种概率就好比中彩票，可能性极低。'可笑的是，这些人总是预言错误，牛市之后可能还是牛市，熊市之后可能还是熊市，这根本不是概率问题，只有赌徒才会那么想。"

曾被誉为"神人"的期货大师拉里·威廉姆斯，因在1987年一年内，把账户资金从1万美元做到114万美元而声名大噪，一时间很多人以他为投资标杆，将他的话奉为"神论"。他曾宣称：如果你已经连续三四次交易亏损，下一次就一定会成为大赢家。事实上，拉里的言论并不可信，甚至他的"神话"传说也充满不可告人的虚假性：在1987年不到一年的时间里，经他理财的客户基金亏损超过50%，高达600多万美元。在他连续出现亏损的那些月份中，几乎没有出现过一次股票上涨。

我们都认同这个道理：投资市场充满变数，没有只涨不跌或者只跌不涨的股票，然而对行情的预测并不能以如此简单的猜测来下定论。个股的涨跌完全由资金进出所决定，而整个市场的行情是所有交易行为的综合。

但"赌徒们"似乎总有一套自己的想法。他们认为上一局赌输之后，下一局赢的机会就会变大；反之，上一局赢了，下一局输的机会则会变大。因此，他们在连续输了几局之后会加大赌注，而在连续赢了几局之后则会变得小心翼翼。

我们应该怎么理解这种心态呢？其实，这是由人们"获利时保守，亏损时冒险"的认知偏向决定的。我们都喜欢快速地获取利润，以给日后可能带来的亏损留一些缓和的余地。并且，我们会产生"我的预测总是很正确"的错觉。但理性地看，这种做法其实是在"缩减利润，扩大损失"。

你肯定玩过抛硬币的游戏。我们都知道硬币出现正反面的概率各为50%，假如你连抛5次，你赌每次都是正面朝上，但结果恰恰相反。这是不太寻常的，出现这种概率的情况极低。你注意到了这一点，现在要进行第6次掷币，这次你会赌正面朝上还是反面朝上呢？极大的可能是，你依然赌正面朝上，因为已经连续发生5次反面朝上的结果,你不相信自己能抛出100%反面朝上的结果。可结果呢?这一次恰恰还是反面朝上,你又一次赌输了。

"赌徒谬误"的重点在于,它会把每一次的独立事件对接到下一个事件中,得出一些根本没有依据的错误规律。有些规律确实是可靠的,但那都是建立在大量的数据对比基础之上的,而且事件之间存在某种关联性。对于抛硬币来说,即使抛一万次,每一次也依然都是独立事件,没有任何规律可言。

"赌徒谬误"的认知正在摧毁我们的直观判断,将我们引向经验主义的错误深渊。当生活中总是巧合地发生一些看似存在某种关联的事情时,人们的"赌徒谬误"倾向则会越发明显。

我们来看几个事例:

例一:安娜认为穿裙子能给自己带来厄运,因为她一穿裙子就下雨。

事实上,安娜穿裙子的时候多在夏季,恰巧是一年中多雨的季节,而穿裙子遇到下雨让她感到很麻烦,比如遭遇狂风暴雨,裙子被掀起来……在碰到几次同样的情况后,她会自动在大脑中做出"一穿裙子就下雨"的判断。真实的情况是,她穿裙子遇到的晴天远远多于雨天,只不过下雨的日子让她印象深刻而已。

例二:杰克认为那件绿色的9号球衣是他的"幸运战袍",只要穿上它,在任何比赛中都有更高的成功率。

其实不管是何种"比赛",如打球、考试、跳远等,都是随机事件,真正决定结果的是我们的个人能力,而非好运气。假如考试之前没有认真复习，即使穿上"幸运战袍"，也未必能通过。这是一种因果颠倒的概率预测，杰克是在赢得比赛的时候恰好穿着那件"幸运战袍"，而不是因为穿了那件衣服才赢得比赛。假如杰克穿着那件球衣去抛硬币，他猜中的概率也不会有任何变化。

显然，一定会有人觉得这种"赌徒谬误"是无伤大雅的，而且不会妨碍我们的现实生活，但我们必须警惕这种思维带来的认知偏向。生活中过多地使用"赌徒谬误"会让人们虚构出很多不科学的关联，产生不切合实际的联想推断，进而影响理性的直观判断力。特别是在投资管理中，千万不能将这样的思维习惯带入，否则就会遭到现实打来的一记狠狠的"耳光"。

## 沉没成本的"怪圈"

西方有句谚语说："不要为打翻的牛奶哭泣。"因为牛奶已经洒掉了，哭泣也无法挽回损失。但现实是，人们总是沉浸在沉没成本带来的损失中，对当下事物和之后的选择做出非理性的判断，持续付出更多的沉没成本。

20世纪60年代，英、法两国曾合资开发大型协和式飞机。项目开展后不久他们就发现，开发这样的机型希望渺茫；但他们又不甘心让庞大的投资付诸东流，因此一直没有叫停项目。后来，协和式飞机虽然研制成功，但因缺陷太多、运营成本太高而被迫停飞，两国政府为此蒙受了巨大的损失。

这就是沉没成本所引发的决策谬误，在发现错误时受到"不甘心"因素的左右，不愿意放弃这个错误，而选择"坚持"或"忍受"错误的后果。

你想换掉不感兴趣的专业，但你只是想，并没有那么做；你想辞掉枯燥无比的工作，但你只是想，并没有那么做；你想结束现在这段糟糕的恋情，但你只是想，并没有那么做……

你"没有这么做"的事情都是已经付出的沉没成本。你日复一日地忍受这些煎熬，不是因为你的忍耐力有多强，而是因为你为此投入了太多时间、精力和金钱，你"不舍得"就这么放弃。

针对沉没成本对心理所造成的影响，2002年诺贝尔经济学奖获得者丹尼尔·卡尼曼曾在1970年做过一个实验，他向社会征集实验的参与者。实验方式是掷硬币，如果掷到硬币的背面，参与者会失去100美元；如果掷到硬币的正面，参与者则会得到150美元。显然，这是一个有利可图的赌局。但实验结果证明，人们参与实验的意愿很低，相对得到150美元的诱惑，人们更害怕失去100美元。

这就说明，相对"获益"来说，人们更畏惧"损失"。这使我想到一个切身体会：当我捡到100元时，我会高兴一整天；但如果丢失了100元，我却会难受一星期。

沉没成本的谬误就是这样发挥作用的：抓住人们害怕失去的心理，悄无声息地左右人们的判断力，让人们看不清事实，自愿地跳入一些显而易见的思维陷阱。

在公司的发展过程中，我曾经制定过两种完全不同的薪酬制度：

（1）制定较低的底薪，但给予较高的绩效提成；

（2）制定较高的底薪标准，但以绩效考核的方式从底薪里扣除未完成的业绩。

在几次员工满意度调查中，超过50%的人对第二种薪酬制度感到不满，认为公司规章制度太过苛刻，考核过于严格；80%的员工喜欢靠实力说话，希望在低底薪的基础上凭实力争取高薪。

其实根据公司的财务管控账目可以看出，两种薪酬方式在成本节流方面的差别并不大，但在第一种薪酬制度下，员工的工作热情更加高涨，离职率也较低，这就是沉没成本在起作用。

在市场营销中，沉没成本的谬误同样管用。有位女士想买一个近1万元的包，但要一次性支付近1万元，她很犹豫。这时，聪明的售货员给她算了一笔账，买一个包近1万元，如果一年只买这一个包，相当于每个月833元，平均到每天才27元多。一天27元多能做什么？不过是一顿餐费。但每天投资27元在一个漂亮且能保值的包上，不但能提升个人品位，还会让自己很开心。

在这番说辞下，这位女士觉得自己根本没有损失什么，还觉得捡了大便宜。这就是利用了人们"尽最大可能地避免损失"的避险心理，如果她只感受到买包让她损失了1万元，即使再漂亮的包她也不敢贸然下手。

在投资决策中，人们的行为在很大程度上会受到沉没成本的影响。比如你投资了一只股票，发现持有的股价已经跌破买入价，你通常会有两种行为：第一种，为了避免账面损失，你会选择长期持有这只已经跌价的股票，直到股票价格上涨到买入价才会考虑解套脱手；第二种，为了摆脱投资损失带来的痛苦感，你选择在股票跌价后立刻抛售，而这种行为通常充满恐慌心理。

相反，假如你投资了一只股票，股票价格持续上涨，为了守住已经赚到的钱，你会选择过早地卖掉价格依旧上涨的股票。

人们的判断和行为总是受制于本能，因此投资者很难永远保持理性。

下面这些事你是否做过？

A. 买了张电影票，看了一会儿发现电影非常无聊，即使难以忍受，你也依然看到电影结束。

B. 提前买了张话剧演出票，但演出那天因为某些原因不想去了，此时票券既不能退也无法转售，所以你最终还是去了。

C. 点了一份外卖，吃了第一口后便发现非常难吃，但你还是把它吃完了。

D. 排队吃饭，已经等了一个小时，但你发现前面的队伍依旧很长，即使此时你已经不想再吃这家店的东西了，你还是焦躁不安地排队，一直排到轮到自己。

我们再来看看事情的真相：

A. 你坐在电影院的座位上，努力忍受无聊的电影对自己的"伤害"，是因为你不想浪费买电影票的钱。

B. 你极不情愿地去看了一场话剧，是因为钱已经花了，你必须收获它的价值。

C. 你坚持吃完非常难吃的食物，是因为你不想浪费钱财和食物。

D. 你一直排队，坚持到最后，是因为你已经付出一个小时的等待时间，现在走掉等于前功尽弃，白白浪费了时间。

我们在做这些事情的时候，就已经失去了理性的判断力。沉没成本让我们难以放手，即使已经意识到错误，也情愿一错再错。其实"坚持"做完那些让人厌恶的事并没有实现自己所期待的价值，反而是在已沉没的成本上又多了一笔。

因此，我们在做判断和决策时，从一开始就要警惕沉没成本的谬误，防止付出更大的代价。我们一旦发现事情不对劲就要及时打住，不要留恋过去的投入，要立刻把精力集中到对的事情上去。

## 固执己见的坚持

史密斯在上次"公司季度发展调整计划"高管会议前夕通知我,这次他要退出决策者名单,把这个令人提心吊胆的职位让出来。他说:"我已经想不出更好的主意了,我的大脑好像被某种东西锁住了,所有的想法都会回到之前被搁置的争议中去,我们都知道那是个疯狂的主意。除非我从那种思路中走出来,否则别让我参与任何决定了。"

史密斯的主动退出让我松了口气,正如他自己所意识到的,最近他的脑袋里装了太多僵化、老旧的东西,这会影响他的判断力。当做了太多重要的决定后,我们都意识到一些保守的思想会渗透到工作中来。

这让我想起公司第一个合伙人怀斯曼,他作风严谨而富有经验,是一位成熟的管理者。但他同样固执己见,险些将公司置于巨大的风险中。

那时公司正经历创建以来的最大的一次危机。由于市场竞争激烈,公司的利润在3个月内大幅缩减,资金只能维持基本运营。为扭转局面，公司召开数次会议讨论方案。怀斯曼的意见自始至终没有改变过，他强烈要求裁掉市场部一半拿高薪却不怎么干活的员工以节约成本。我告诉他，这是个坏主意，即使这批员工离职，利润也不会增加，而且他们大多手握大客户的资料，现在裁掉他们是最愚蠢的做法，因为他们一定会带着客户资源跑到竞争对手那边。我们必须坚持到融资成功，加大创新投入，争取实现战略转型。

关于我对"人员流失"的担忧，怀斯曼给出的建议是让他们签订保密协议，交出客户资料，这样就能避免我所说的风险，并且强调："我供职过的那些大企业都是这么干的。"我告诉他："很多大企业也是这么死的。"后来，我试图用数据说服他这实在是个糟糕的主意，裁减掉那批人的确能缩减50%的成本，但为此我们可能失去60%以上的利润。

关于此事，我与怀斯曼争执了很久。他固执己见，甚至在董事会上称我为"天真到不知天高地厚的愣头小子"。最令人头疼的是，半数以上的董事会成员都赞同他的意见。他们看到的只是可以节省一大笔钱。

我为此辗转难眠，想尽一切办法，试图在裁员这一决定正式拍板之前说服董事会成员。不幸的是，裁员的消息不小心走漏出去了。于是，公司两位非常重要的高管窃走公司的商业机密并卖给了公司最大的敌人。接下来，公司经历了一波更大的打击，被那两位高管带走的客户以怀疑公司资金链断裂为由，撕毁了之前定下的意向合同；还有一批员工毫无留恋地递上辞呈。直到此时，怀斯曼才知道自己犯下了严重的错误，他想用辞职来弥补，可又能怎样呢？

很多人认为"固执己见"是一个"结果导向"的词语，如果失败了是"固执己见",如果成功了则是"坚持己见"。事实上,到底是"固执"还是"坚持",并不需要等到结果产生就能印证。

生活中,我们被太多耳熟能详的相关案例包围,渐渐习以为常。当一些选择题和判断题摆在面前时,从相似案例中学到的经验就会立刻跳出来,给我们一个"现成"的答案,我们将此作为判断事物的唯一标准,放弃了其他可能性的讨论。

固执己见的个性与思考习惯会将我们变成一个冥顽不化的人。并且,随着年龄的增长以及知识经验的积累,我们变得像马戏团里被驯化的猴子,越来越循规蹈矩,越来越不敢冒险。对那些秉持大胆想法的人,我们第一想法不是学习和讨论,而是选择对他们当头棒喝,极力维护自己的见解。如果有人提出截然相反的意见,我们则会表现得气急败坏,固执地坚持自己的想法,不肯做出让步。

这些年我见过太多"老成持重的年轻人",岁数不大,胆量极小,脑袋里全是条条框框,不敢承担风险,在上司面前唯唯诺诺。他们总是选择那条"收益率较低但不会出错"的道路,喜欢沿袭固定化、模式化的道路,经验让他们沉醉、固执且老气横秋,完全看不到年轻人该有的创造力和想象力。对生活和工作来说,这个常见的缺点是必须予以规避的。

## 思维定式的围墙

　　法国昆虫学家法布尔在《昆虫记》里记录了一种名为松毛虫的虫子，它们以松叶为食，每天都会在松树上爬来爬去。法布尔发现，松毛虫非常遵守秩序，只要第一只到某个地方去，第二只就会跟上，而且首尾相接，不留一点缝隙。它们排成单行线，边爬边吐丝，爬过的松毛虫就会织出一条丝线，这是它们的"行军"标记，回去的时候也会依照丝线的指示按原路返回。

　　一天，法布尔看到松毛虫又爬上院子里栽种棕树的大花盆，这是它们最喜欢的去处。它们得意扬扬地在花盆边沿散步，很快这支队伍便形成一个密闭的圆圈。法布尔决定和这群松毛虫开个玩笑，他要用松毛虫织成的丝替它们重新铺一条路，看看它们还能不能找到回去的路。

　　法布尔把试图继续爬上花盆的松毛虫赶走，防止它们去给花盆边沿上的松毛虫报信，告诉它们走错了路。然后，他将花盆圆圈之外的丝线用刷子刷掉，这样等于断了松毛虫的通道。上面的虫子下不来，下面的虫子也上不去。接下来，有趣的一幕发生了：松毛虫在花盆边沿一圈一圈地转着，丝织的轨道越来越粗，没有一只松毛虫偏离轨道。它们就这样爬着，爬累了就歇一歇，饿了就停一会儿，冷了就缩到一起取暖，但只要太阳升起，它们就又会排着队兜圈子。

实验进行到了第6天，这群松毛虫依然在垂头丧气地转圈子。大概有一只松毛虫热坏了，它站在花盆的边沿，向下溜下去。不过这种冒险的行为将它吓了个半死，没溜到一半，它便失去了勇气，重新回到花盆边沿。然而，正是这次冒险的尝试，为松毛虫队伍开辟了一条新航道。两天后，它们开始向花盆底部爬去，这时已经是法布尔"恶作剧"的第8天，直到黄昏，最后一只松毛虫才安全抵达花盆底部的家，逃过了被活活饿死的命运。

通过这个实验，法布尔认为松毛虫"傻得让人难以相信"，甚至比老故事里那些"跟着第一只被扔下海的羊一起跳海的羊群"还要愚蠢。读过这个故事的人也会有这样的感觉，觉得松毛虫的行为非常可笑，只要它们其中的一只能转变思路，就能全部获救。事实上，我们很多时候也会像松毛虫一样，受到既定经验的限制。

有一次，公司要在洛杉矶招聘一名业务经理，招聘广告发布后，数百名求职者前来应聘。经过几轮筛选后，最终只剩下5名求职者。3天后，我作为主考官，对这5名优秀的求职者进行最后的面试。

这5人各自的优势都很明显，工作能力不相上下，性格也各具特点。但最终我只留下了一个看上去其貌不扬的人。这位求职者对这个结果十分惊讶，他本以为自己没机会了。在我询问他"知道为什么录用你吗"时，他诚实地回答："我不太清楚，只是感觉其他人比我更有机会得到这个职位。"

我把一份做得非常严谨、详细的市场调研报告递到他手中，说："因为只有你做了这份报告，我很意外。这只是一次面试，你根本用不着这么做。"

他说："我只是觉得自己的优势不大，在很多方面都缺乏竞争力。不过，我想也许我可以用认真的态度打动您，没想到我成功了。"

这位求职者打动我的除了这种认真的态度，更重要的是他可以主动转变自己的思维。他觉得自己与其他人在实力方面的竞争胜算不大，按照面试的常规做法，他是没什么机会的，但他能够想到要从其他方面展示一下自己的能力。这种能力恰恰符合我对市场经理这个岗位的要求，因为一个思维固化的人很难有优秀的创新能力，这一点对公司市场开发是不利的。

## 1. 转变思维为什么很难

对我们而言，转变固有思维是一件很难的事情吗？对虫子来说，因其固有习性难以改变，所以转变思维几乎是不可能的事。但人类作为会思考的动物，因思考而取得进步，因创新而推动文明的发展，转变思维应该不难，可现实中为什么被困在思维定式中的人比比皆是呢？原因无怪乎这两种：

第一种，时间越长，经验的力量就越强大；

第二种，除非无路可走，否则大部分人主观上不肯承认自己的想法是错的。

人们越是靠经验做事，就会越难以适应新的变化，创新能力就会慢慢消失；但经常进行突破性思考的人，对事物的直观感知则会越来越敏锐,思考的结果也会越来越准确。

这个世界每天都在产生因思维定式而造成的各种各样的人为错误。人的思维定式就像大脑里建立起的一座无形的屏障,隐藏得很深,不容易被发现。我们如果不对这种服从经验的思维习惯加以警惕,就会失去思维的活力,判断力也将变得迟钝,进而影响生活和工作。

### 2. 打破思维的固化,开辟新的路径

如何打破思维的固化?现实中人们的很多迷茫其实都源于思维方式的固化,走不出那条习惯已久的思维路径,处处使力却又处处受阻。而直观判断力强的人大多喜欢创新,他们有很强的创新思维,能够创造性地感知和探索事物,因此在解决问题时他们总能开辟一条新的路径。

# 第八章 08

## 用潜意识唤醒最直观的想象力

## 你对"想象力"真的了如指掌吗

我们的大脑常常会蹦出一些奇妙的想法，以致我们自己都会惊讶："我怎么会有那么不可思议的主意？"其实，这些奇妙的想法并非无中生有，而是潜意识投射的作用。潜意识充满了魔力，它就像电脑里面的隐藏文件，在我们看不见的地方悄悄地记录一些宝贵的信息，比如我们的本能、习惯、思想、情绪等。

你好奇过苹果公司（品牌）为什么叫"苹果"吗？这个名字的灵感来自哪里？它为什么不叫"橘子"或者其他更适合科技公司的炫酷的名字呢？我们可以在一部电影中找到这些问题的答案：一方面，乔布斯曾经在苹果林工作，他喜欢苹果，而且当时最受年轻人欢迎的披头士唱片公司的名字也叫苹果；另一方面，苹果是一种能给人直观印象且尽人皆知的事物，且苹果的名字朗朗上口。苹果给了乔布斯巨大的灵感，而这些灵感一直储存在他的潜意识里，被大脑记忆着、习惯着、整理着。直到有一天，他将灵感投射到现实中，变成一个令人拍案叫绝的创意，而这个创意就是他内心事物的映射，是他的潜意识所形成的智慧结晶。这便是想象力的巨大作用。

当大脑动力不足时,潜意识可以为我们提供后勤补给,让大脑活跃起来,充满创造力。我们在生活和学习上取得的进步都离不开想象力的激励,它能帮我们拓宽视野,增加思考的深度,让我们的大脑变成一部"创意生产机"。

作为决策者,我们不要试图用过去的经验代替我们做决定,一定要尽情地释放想象力,让想象力来做主。我们要为自己创造一种愉快、轻松的氛围,让想象力替我们决定一些重大的事情。

然而,想象力不是"想到什么就做什么",也不是毫无根据地发散自己的思维,而是对大脑中早已存有的想法深入地加工,进行一系列大胆的创造,打破过去的常规思路,解决当下的实际问题。

从这个解释来看,想象力就是我们的直观判断能力的加油站。一个人如果具备丰富的想象力,就能"拨开云雾",从混乱的局面中一眼看到问题,抓住事物最根本的矛盾,提出解决方案。

爱因斯坦说:"想象力远比知识更重要,因为知识是有限的,而想象力概括着世界的一切,推动着文明的进步,是知识进化的源泉。严格地说,想象力是科学研究中的实在因素。"

假如人类失去了想象力,就不可能有那些伟大的发明创造,也不会产生精彩绝伦的文艺创作,更不可能在历史上留下如此多的建筑奇迹。

2016年,我到上海某设计公司参加他们的产品策划会议,不同部门的业务骨干坐在一起,面前是各式电子设备,包括投影仪、电脑等。在近两个小时的讨论中,人们轮番发言,各抒己见,对屏幕上的种种资料信息争论不休,就是形不成统一意见,得不出结论。

公司的老板一脸严肃，一言不发。

精英们齐聚一堂却毫无创意，是什么造成这种尴尬的局面？随后我又参加了一次类似的会议，我发现最大的问题是他们的视野突破不了现有信息的框架，不能颠覆性地审视问题、挖掘所有的可能性，这么多聪明的人在这一刻表现得像一群学生。

参加完最后一次会议后，我对这家公司的老板说："如果你的员工没有开放的视野和跳出现有环境的能力，他们能看到的便只有公司给他们提供的全部信息，并不停地在里面打转。"

我在无数个相同的案例中发现："想象力匮乏"具有传染性。办公室里，人和人不停地讨论、传递信息，每个人都是一个活力四射的"信号发生器"，你的大脑时刻受到其他人的"牵引"，其他人也在接收你发出的信息。为什么有的公司会定期裁员并招聘新人，定期为团队注入新鲜血液？因为一群固定的人长时间待在一起，就会逐渐被同质化，大家的思维模式趋于一致，就很难再有创新了。

还有一种情况，开会时，对于有待商榷的议题，第一个人的发言往往十分重要，特别是当这个人是项目负责人或上司时，他的意见等于为会议室中的所有人暗示了既定的方向，人们会不由自主地沿着他的思路走，想象力便会受到抑制。而如果有一些发言活跃的人本身是缺乏想象力的，那么其他人的思维也会受到限制，因为团队中每个人的视野都是互相影响的。

要想成功地激活自己的想象力，我们需要具备两个条件：

第一，我们的脑海中有足够丰富的想法；

第二，我们自身具有很强的分析和归纳能力。

以上两者缺一不可，你的大脑要具有足够活跃的思维，哪怕是异想天开，也比什么都没有好。你还要有出色的理性归纳能力和对事物发展趋势的敏锐预见力，因为你要把这些想法组装起来，赋予其某种现实操作的可行性。

开发想象力，让直观的想象变成现实，通常需要经过以下几个阶段。

### 阶段一：信息的搜集阶段

一开始时，你要充分地搜集资料，包括文字、图像、音频等信息。对信息的了解程度越高，涉及的问题越多，就越有利于你综合地得出准确的判断。

### 阶段二：信息的分析阶段

针对搜集好的资料和信息进行分析和总结，剔除其中的"无用信息"，整理出"关键信息"，并且要发现其中的"矛盾信息"，然后归纳出一个基本逻辑。

### 阶段三：基于想象力的创造阶段

资料准备好后，便集中注意力，展开自己的想象力，突破旧的观念，让自己自由地思考，产生灵感，得出新的、具有颠覆性的见解。

### 阶段四：对灵感的整理阶段

最后一步，是对你运用想象力得出的成果进行整理和研究，对得出的观点结合现实进行评估，看看它们是否可行，是否能够解决你面临的主要问题。

## 加强直观的理解能力

在社交领域存在一种流行的说法：对音乐的喜好与否，显示着一个人真实的性格。爱音乐和讨厌音乐的人是截然不同的，性格差别巨大。如果你想在最快的时间里搞清楚对方的脾气，不如试着与他聊聊音乐。

我曾经在纽约的几所大学里征集到100名志愿者，让他们描述自己的性格，并写下自己最喜爱的音乐、乐队或歌手。根据这些问卷，我与几个研究人员总结出一些关键词并进行结果评定，我发现人类对音乐的偏好与个性之间的确存在某种直观的联系。

那些喜爱欢快音乐的人大多开朗、外向；喜爱乡村民谣的人大多安静、沉稳；偏好爵士乐的人比较理性、机敏；而喜欢摇滚的人大多直爽和急躁。我们的音乐播放器很能说明问题，人们对音乐的挑选流露出性情中的喜恶，也反映出他们能够相对容易地融入哪一类群体。人们会因为喜欢一首歌曲而加入一个歌迷群体，也会因为讨厌某个歌手而贬低其代表的一切品位。

这种直观的判断听起来不够严谨，似乎充斥着较多主观的成分，就像"第一印象效应"那样，容易给人一种不靠谱的错觉。因此，为了最大限度地避免武断地下结论，我们要结合"第一印象效应"来验证这种直观的判断。比如，你第一次与一个陌生人见面，可以通过对方的衣着、外貌、谈吐、年龄、姿势、表情等初步判断出他的情况，而通过谈论兴趣和喜好，你就可以对这个人进行深入的了解，并判断出对方所表现出来的外在特征是否是在伪装。

直观感知总是与"第六感"紧密相关，那么是否直观就不是值得信赖的判断标准了呢？作为人类思维的一种既有表现形式，人的直观感知只是看上去有一点神秘而已，但它确实是存在的，而且和潜意识所起的作用密不可分。很多科学家都曾经有过"直观的智慧为自己带来伟大创想"的经历，他们喜欢将这种感觉形容成"神性与人性的沟通"。无论他们曾经做过多少理性的思考与判断，最终要达成目标，都有内在的直观判断的参与。

有意思的是，开发直观的理解能力还可以用来治疗"选择性障碍"。当面对多个选项，不知道该怎么选择时，我们不如就信赖我们的第一直觉，放弃那些反复对比却没有明显优势的选项。这样做既节省时间，又节省精力。

## 如果我们的直观判断是错误的怎么办

这是一个让人困惑的问题。但相关研究发现，一个人在第一时间对事物产生的判断有95%的概率是正确的。尽管大多数人随后会怀疑自己的第一感觉，可最终还会绕回来。

人的大脑都有直观选择的倾向。尽管人们常说："人无远虑，必有近忧。"但事实上大多数人并没有多少远虑。即便你觉得自己的决定经过了深思熟虑，但可能也只是"小脑"直接思考的结果，而非我们大脑的理性决定。

比如，有位女士挑选衣服，她先看上了衣服A，后来又看上了衣服B，在综合比较了价格、款式、实用性等各方面因素后，她觉得两款都不错。衣服A的实用性较强，可以穿着出席多个场合；衣服B的款式较新颖，穿在身上很出彩。但是这位女士的预算只够买其中的一件，最终她经过一番思考后，并没有参考自己之前反复对比的结果购买衣服B，而是选择相信自己的第一感觉购买衣服A。

不管是依靠理性还是直觉来做出决定，结果都可能出现失误。因为面对一个问题，一个人如何选择是由多方面的因素决定的：

### 1. 认知水平

面对同一种事物，不同认知水平的人所产生的判断不一样。

### 2. 时间和精力

越理性的判断，就越要花费更多的时间和精力。

### 3. 天生的判断力

人的直觉的判断能力与生俱来，所以不同的人在判断问题时的准确率不同。一个人如果常常判断失误，那么他进行自主思考的积极性也会受挫，但这不妨碍他本身具备的直觉的天赋。

### 4. 对他人的信任度

如果别人对你说了一个赚钱的项目，你本来很感兴趣，也乐于参与，但后来你觉得有风险或者可能会上当受骗，就选择了拒绝，并且推翻了之前的认知。不过，你的判断和选择很大程度上取决于你对这个人的信任程度。

### 5. 风险承受能力

保守人士和冒险人士在风险承受能力上截然不同，保守人士倾向于守住所得，不愿意走新路或者做新的尝试；冒险人士天生喜欢挑战，宁愿承担风险和损失，也要冒险去博取更大的利益。

所以，有时你觉得自己的直觉判断力不准确，并不是"直觉"这种判断方式不科学，而是你的直觉需要提升。

我们大脑的决策是在一种高级思维方式加工下产生的判断和选择，只有屏蔽掉低级的思考才能让决策达到更高的准确率。也就是说，只有基于丰富的经验，不再犯低级思维的错误，我们才可以相信内心的直觉。反之，如果不愿意调动分析思维进行深度思考，而过于依赖直觉思维，就容易做出错误的判断。

这是本书一再强调的地方：直觉思维与分析思维必须结合起来。

第一，直觉思维能够大量地节省脑细胞、时间和精力成本。但是，大脑的作用不就是为了思考吗？如果总是依靠直觉，什么都不思考，你的大脑活动就会原地踏步，甚至退化。所以，即使你的第一感觉是正确的，也要进一步地深度思考以收集更为明确的信息。

第二，直觉做出的判断通常符合大多数人的认识，或者是基于自身观念的固有反应模式。假如你的直觉是基于大众常识的，我并不认为它是一直值得依靠的，有很多好机会都因为过于相信常识而错过。

第三，一味地依靠直觉做判断很容易被人利用。那些不爱动脑子的人很容易被聪明人看透他们内心的想法，针对他们的选择倾向来攫取价值。比如电视和地铁广告等营销活动就是这么做的。广告策划者通过"信息轰炸"的方式让产品在消费者心中形成一些较为深刻的印象，这样他们在购买时就会不假思索地选择这款产品。你应该掌握的技巧是，在需要掏钱埋单时多思考至少10秒钟，审视一下自己这一刻的直觉。你要怀疑一切让自己花钱的直觉。

那些成功的人大都是爱动脑子的人，他们的直觉判断能力非常强，总是可以在第一时间对事物做出明智的判断，但他们又不依赖直觉，在关键时刻，他们靠直觉找到方向，然后再运用自己的经验评估成功的机会。

## 小心，潜意识中的"懒惰"会让你讨厌思考

每个人的潜意识中都蕴藏着一种暗示的力量。如果你经常对自己说："我能行！我一定可以的！"潜意识就会输出积极的暗示，而且在必要的时候会给予我们极大的精神支持："因为我行，所以一定要坚持下去。"反之，如果你总暗示自己："我不行，我做不到，我会搞砸的！"潜意识就会变得消极和懒惰，拉住你，让你停下来。

可以这么说，人的成功源于潜意识的觉醒。积极的行动意识将会给人以坚定自信的力量，激励人对一切事物主动思考。人的失败也在一定程度上源于潜意识的昏睡，它是催眠的高手，让人消极地面对一切事物。

卡鲁索是意大利著名的男高音歌唱家，有《浮士德》《丑角》等代表作品。但谁又能想到，这样一位才华横溢的歌唱家，有时也会在演出前紧张。在一次盛大演出前，卡鲁索突然感到无比紧张，声带也因此变得僵硬，甚至连说话都受到影响，且吐字不清。他焦急地想："这次肯定完蛋了，我唱不好了，人们一定会笑话我的。

我完蛋了！"

他翻来覆去地想，声带变得更僵硬，而且全身出汗，手脚发冷，衣服已经被汗水浸湿，内心的恐惧感也越来越强烈。

离开场还有几分钟，卡鲁索做了一件事情。他对着工作人员大声喊道："同志们！你们看啊！'小我'要击败'大我'了！'小我'你快滚出去！'大我'要唱歌！'大我'要唱歌！"

就这样痛快地高喊了几声后，他感到自己的体内发生了变化，紧张和恐惧感竟全都消失不见了，声带也恢复了正常。卡鲁索迅速整理着装后，镇定地走上舞台，表演完整个曲目，赢得了台下观众雷鸣般的掌声。

这就是潜意识所迸发的巨大能量，它可以在我们需要的时候给出坚定而且直接的指示。如果加以正确的、长期的训练，潜意识将能帮助我们培养出强大的意志和信心，提升我们直观的判断力和先人一步的行动力。

不过，我们要小心潜意识的"懒惰"。有时我们大脑的意识发生部分为了逃避困扰的产生，会做出欺骗性的理解——逼迫大脑接受一种"假的事实"。

在2014年上映的德语电影《我是谁：没有绝对安全的系统》中，有一句经典的台词："人们只看到他们想看到的东西。"这句话源于美国思想家爱默生。他认为每个人都会用谎言欺骗自己，将大脑改造成自己愿意接受的样子，以接受"新的大脑"思考出来的事实。如果我们的大脑这样做了，潜意识就会被自己所蒙蔽，产生错误、消极的指示。

哈佛大学心理学教授艾伦·朗格常年研究潜意识机制对人的

思考及行为的多种影响，也就是"可能心理学"。在相同的事物面前，人的观察和判断总是存在不同的可能性，每个人直观的感受都是不一样的，即使观点最为趋同的两个人，他们对问题或目标对象的认识也会略有分歧。这就是"可能心理学"所研究的内容。朗格认为，每个人的心中都有一个自己所希望看到的现实，这一因素的存在导致人们在判断力方面表现出了差距。

我们经常猜测别人接下来的动作或者想法，想直观地做出一些判断，然后尽快做好回应对方的准备，但这些多是基于自己的想法。其实这是潜意识中的投射作用把自己内心希望的事实或想象的东西投射出来的结果。然而，我们经常不分好坏就胡乱投射一通，并不在乎对方的真实感受，也不在乎事情的真相究竟是什么。我们会把投射出来的希望或想象保持在这个人身上，于是我们所看到的、所接触到的这个人，我们觉得他就一直是我们所希望的那样。在社会心理学里面也有一个类似的观点：你对别人什么态度，别人就会对你什么态度。这就像张德芬说的："外面没有别人，只有你自己。"

这使我们与事物本质的距离越来越远了，因为在大脑中，经过特定挑选和组合的信息会构成一个逻辑的闭环：无论外部有多少新的信息产生，你都不易接受。你认定自己已经形成的判断，因此会不惜一切地捍卫这些业已形成的"事实"。

例如，当你以为一个人对你"不好"时，你所想到的与他有关的信息将全都是他对你"不好"的信息：某月某日他没有接我电话，也没有回我电话；某年某月我被公司罚款，一定是他告的密；有一次我在路上跟他打招呼，他对我视而不见。这时你的大脑会自动屏蔽一切其他信息，凡是记录你们之间友好情谊的信息都会被赋予另一种解释：他是假装的，那不是真的。人的大脑这时会自主挑选信息，把它放入思考机制，得出一个最直接的判断：他一点也不友善！你也不愿继续思考这个人积极的一面。

但是请记住：那只是你自己单方面的"判断"。当你认定他对你不友好时，事情的真相或许是他当时正在为某些事情心烦，又或许是身体不舒服，才在某一时刻忽略了你的存在，没有回你的电话或者没有看到你跟他打招呼。

这时，你如果坚持原有的判断，对他的态度就不会那么友好。他也会开始变得不友好，你们之间的关系就会逐渐变差，你心中的想法便会得到实现。

用一个专业术语来说就是：自我实现的预言。在信息闭环构成的逻辑回路中，人的直观判断机制被预先缠上一个套子，不管你怎么思考，结论都是已经埋好的，你很难并且也不想跳到外面去看看其他结论。经过一系列相互的心理作用，在预设结论的逻辑分析中，你会最终实现自己的预言：从认为某个事实是对的到最后自己发现这个事实就是对的。

在与谷歌公司人力资源部门的合作中，朗格教授提出一些方法，帮助谷歌公司培训员工的快速判断能力。她说："重要的是准确判断，而不仅是速度和数量。在信息化时代，这的确有一点困难，我们的大脑会受到许多意外因素的影响，我们有时宁愿相信坏的东西，进而做出更坏的判断。"

那么，我们该如何打破"信息闭环"，给潜意识以正确的训练和指示呢？

第一,充分利用我们潜意识中"心想事成"的那一面。人们思维中的"心想事成"不能代指具体的某一件事,而是应该作为一种信念或者高尚的人生目标,但不要让它停留在物质层面,比如想购买一栋别墅或一辆豪车,它无法适用于我推荐的原则。你可以从多方面来观察、描述和判断一个事物,进而来指导自己的行动。

比如,你的信念是"帮助别人"。如何心想事成?你可以选择咨询师、培训师、教师等职业,传播知识,提高人们的素质。你也可以选择当一名厨师、科学家或者其他服务人员,无论什么职业都能给别人提供帮助,只是方式不同而已。如果你愿意,你就总可以在一个事物中找到自己想要的积极的价值,进而将自己从"消极的信息闭环"中解放出来。

第二,不要再像过去那样"被痛苦所吸引"。我们的身上都具有一种纯天然的思想特质,很容易受痛苦的吸引。如果你的眼睛看到的是痛苦,那么你的潜意识所希望得到的通常也是痛苦。这是另一个让人失望的信息闭环:假如你总是收集消极和负面的信息,说明你的潜意识在盼望一些痛苦的东西。如何才能摆脱这种怪圈呢?方法就是,你要认识到所有的痛苦都是自找的,包括那些大脑中的错误认知,它不过是由我们的大脑制造出来的"结论"。

第三,多关注正面的榜样。潜意识投射出来的部分正是生活中我们常关注的部分。你关注的负能量越多,潜意识就越消极,而多留意那些正面的榜样,潜意识就会越来越积极。所以,如果你想创业,就去找那些成功人士咨询,你的潜意识将会收到"我也可以"的指示。

## 破除"权威效应"对直观的负面暗示

当我们遇到困扰时,内心的直觉和过去的经验会告诉我们一个正确答案:在没有外部声音干扰的情况下,我们会坚定不移地相信这个答案。但如果有一个权威人士站出来,提出与你的答案完全相反的意见,你还会坚信自己的判断没有出错吗?

有一家知名度非常高的私立医院,员工的薪水高得令人羡慕。该医院向社会公开招聘两名护士和一名护士长。众人得知消息后,纷纷前来应聘。在几轮笔试和临床考试后,有9人进入最终一轮的面试。该医院对招聘十分严谨,为了确保能录用优秀的人才,他们请来了一位外籍医生担任终选的主考官,面试地点设在该医院的一间病房内。

这位外籍医生是个风趣的老头,面试开始时,他先用生涩的汉语和9名应聘者开着玩笑,缓解他们的紧张情绪。助手从隔壁的病房中端来一个插有9支温度计的支架,医生吩咐助手给他们每人发一支。9个人都感到莫名其妙,老头说:"你们手上拿的温度计是我的助理刚给隔壁病房的病人测量过体温的,现在请你们把温度计所测量到的温度记录下来，然后交给我。"

原来，这些温度计是今天面试的主要工具。于是，面试者们赶紧记下温度计上的数字。但问题出现了，温度计中根本看不见水银柱，所以没办法读取数据。甚至有人怀疑，这可能是一种国外新型温度计。

上交温度计读数的时间眼看就要到了，可大家还是看不到水银柱。有6个人凭借病人体温的常见范畴在纸上写下了不同的数字。他们认为应该偏差不多。另外3人则在纸上写下了一句话："对不起，没有数字可读，我认为这支温度计有问题。"

最后的结果是，3名认为温度计有问题的应聘者被录用，其余6人被淘汰。旁边围观的人替被淘汰的6个人打抱不平。外籍医生解释说："事实是这9支温度计的确有问题，里面的水银都被事先抽掉了。当然，这些温度计的确是刚给病人测量过的，不过你们想一想，没有水银的温度计怎么可能测出体温呢？"

做完解释后，他又郑重地说："也许你们觉得温度计是我准备的，就一定不会有问题。但作为一个护士，如果对自己最起码的判断都抱有怀疑，仅凭常识来做决定，就是对病人生命的不负责任。"

他的话一说完，落选的应聘者就惭愧地低下了头。当面对无法读数的温度计时，他们也曾经感到疑惑，但还是被内心对权威的认同感左右了判断。

这3名被录用的应聘者还要进行一轮比试，因为医院要在他们3人中选出一人担任护士长。外籍医生对他们说："现在我要提一个要求，你们用刚读完数的温度计量一量自己的体温。"

其中的两人感到狐疑,心中想,他又要出什么难题呢?刚才他不是告诉我们温度计的水银被抽掉了吗?他们认定温度计一定坏了,于是并没有真的把温度计插入自己的腋窝,而是非常自信地在纸上写下了一句话:"对不起!因为这支温度计有问题,根本不能用来测量体温!"

另一个人和他们的选择不同,她下意识地将手中的温度计摆正了位置,用力地甩了一甩,便按照程序量起了自己的体温。5分钟后,她掏出温度计,看到温度计上面水银柱指示出自己的体温:36.8℃。

人们大感不解,外籍医生却微笑着冲她点点头,并鼓掌说道:"欢迎我们的新护士长!"说着,他上前和这位胜出的女孩来了一个热情的拥抱。

最后他公布了事情的真相:"实在不好意思,我刚刚所说的温度计中的水银被抽空这件事并不是真的。我只不过是吩咐助理将温度计倒着甩,让里面的水银降到了另一端,这样一来你们肯定是读不出数的。第一轮测试时这3位胜出者的判断是对的。但到了第二轮测试,两位落选者没有根据新的情况进行重新思考,而是依赖上次的判断。她们忽略了一个关键环节,那就是每次在测量体温前,都要甩一甩我们手中的温度计。对于一位合格的护士长来说,她必须相信自己的能力,同时经验的积累也不可缺少。"

这则故事中的外籍医生对应聘者进行了两次关于判断能力的考查。第一次考的是人们对于权威的判断力;第二次考的是一个人对自己能力的判断。这两种判断力除了来自我们所学的知识和掌握的经验,更重要的是来自我们的直觉。当开始迷信权威的时候,正常的认知和学到的常识就容易被放到一边，对过往深信不疑的知识和经验产生深深的怀疑：因为和权威的观点不同。这时你很容易动摇，并犯下盲从的错误。

比如，当你查了3个月资料，准备购买某只股票时，股票专家跳出来告诉你不要买，即使他没有提供任何证据，你也有极大的可能会放弃这只股票。

人们为什么会迷信权威，习惯性地相信他们呢？心理学研究表明，这是人们出于寻找心理安全感的需求。人们往往会认为权威人物无可置疑地代表了社会规范的某种标准，按照权威的指示去做就会受到奖励和赞许。但权威并不适用于每个领域，如果你任何时候都相信权威，就会限制内心真正的思考，产生"权威人士应该比我更懂"的心态，影响你的直观判断。

破除"权威效应"对直观的负面暗示需要做到两点：

第一，修改我们对权威的直观印象，让潜意识敢于在第一时间怀疑和否定权威；

第二，养成独立思考的习惯。很多时候，我们都要敢于挑战权威，坚定自己的信念，而不是被权威的地位和身份左右。

## 无须担心未来，只管去做吧

无论何时，人们对未来都充满担忧，害怕今天所做的决定会影响十年之后的生活，担心思虑得不够全面，害怕承担当下决策的后果。现实中，人人都有不同程度的"决策恐惧症"，这种心理顾虑会严重地影响我们的心情，本来可以轻松面对的事，总会因为过多的焦虑而节外生枝。

露丝今年快40岁了，在纽约一家投资银行做分析员。她相貌不错，并且接受过良好的教育。和所有女性一样，她非常渴望爱情。但露丝的感情之路一直不太顺利，她曾订过3次婚，结果都因为一些问题被毁掉了，导致她到现在仍然是孤身一人。

两个月前，露丝在一个派对上遇到了梦寐以求的"结婚对象"麦克。他高大帅气，文雅绅士，幽默体贴，两个人一拍即合，很快就陷入热恋。见过麦克的人都对他称赞有加，朋友们都对露丝说："麦克看上去很不错，是个好人，你一定要抓住机会。"

一个星期前，麦克向露丝求婚了。露丝虽然同意了，但同时对这突如其来的幸福感到惴惴不安。尽管直觉告诉她，麦克是个好人,但这仍然让她陷入对未来前所未有的焦虑中。订婚前夜,两人发生了一点矛盾,虽然只是小事,但露丝却异常在意。两人陷入冷战,露丝为此辗转难眠,她甚至开始怀疑自己"草率"定下的未婚夫是否真的可靠。

在这种情绪下,露丝想到一个"考验未婚夫"的疯狂主意。她绞尽脑汁写了一份长达5页的婚前协议,要求未婚夫签字同意以后才结婚。如果未婚夫不同意签字,就证明他对自己的真心存在瑕疵。

在这份婚前协议中,内容罗列得相当全面,夫妻生活中所能想到的几乎每一个方面都被露丝囊括其中。比如在宗教的细则里,她明确提出结婚之后要去哪一座教堂、每个月去几次、奉献金交多少;在生育细则里,她写明要几个孩子、育儿机构选择哪家、孩子就读哪所学校;在家务细则里,则规定好每星期必须打扫几次、谁来打扫、衣服几天洗一次等。甚至于未婚夫一周可以见几次朋友、和哪些亲戚避免会面、账单如何分类等都详细地写在协议里。最后,在附加条款中,露丝又补充了一些未婚夫必须戒除的恶习,比如吸烟、去脱衣舞俱乐部以及未来可能会出现的坏习惯。

未婚夫看完这份"婚约"后,把协议退回并委婉地回复道:"我想我们的进展有点过快了,对未来缺乏严谨的思考,我们都需要留给对方一些时间好好想想,也许我未必适合你。"

这位未婚夫语气委婉,但意思很明确,露丝的这份颇费心思的婚前协议把他吓跑了。露丝找到我,言语中充满矛盾,一边为自己辩解,一边又为自己的行为感到后悔。

我问她:"你觉得麦克不够好吗?"

露丝几乎脱口而出:"不,直觉告诉我,我余生可能再也遇不到比麦克更好的人了。"

我又问她:"那么你为什么要对他百般挑剔呢?"

露丝低着头没有说话。

其实,露丝只是害怕未来,害怕自己做出错误的决定。也许她自己并没有感觉到,因为她太紧张了,对婚姻过度谨慎,所以对任何一件小事都异常敏感、在意。与其说她在考验未婚夫,不如说她是在用一种吹毛求疵的态度考验自己的"判断力"。

我们周围有许多这样的人,他们担忧未来,对自己的判断力极不自信,为了逃避做决定可能带来的恶果,面对现实时选择消极对抗。有的人会像露丝那样,逼迫他人做出选择以免除自己的心理负担;有的人则是完美主义者,总以"不够完美"为借口,总是等到确保所有事情都万无一失之后才开始行动。

一个人对自己不自信,对未来没有信心,便会在纠结与忧虑中失去机会。我们都渴望完美,但正如真理告诉我们的那样:没有一件绝对完美的事情。我们要学会接受瑕疵,并想办法去修补。人生就是一个不断重塑的过程,每个阶段都会遇到不同的麻烦。如果我们总是担忧未来,在原地打转,就永远抓不住稍纵即逝的机会。

哲学家托马斯·卡莱尔说:"我们的首要任务,并非遥望模糊不清的远方,而是处理眼前的事务。"

之所以这样说,有两个原因:

第一,"深谋远虑"是必要的,先想好了再行动,这是减少行动障碍的好办法。但很多情况下我们总会遭遇计划之外的突发事件,因此我们无法预测到后面所有可能会发生的事情。

第二,面对未来的变化,我们能做的就是以轻松的心态积极地面对，相信自己的大脑，信任自己的判断和选择，而不是不断地否定自己。

比如几年前我在国内认识一个人，他很有商业天赋，想创业，项目已经选择好了。他本该积极地行动起来，但一个朋友善意地提醒他："任何投资都有风险，创业需要谨慎，赔光家产的人到处都是。"最后他打消了创业的想法，彻底放弃了。

忧虑是沉重的枷锁，一旦戴上，就会让我们丧失轻松上阵的信心。所以，如果你有一个不错的计划，只要确认这个计划很好，又经过了充分的论证与调研，那就不要害怕失败，也不要苛求完美，很多事情都是边做边调整，摸着石头过河的。我们要修炼一种逢山开路、遇水搭桥的精神，不惧未来，不悔过去，跟随自己的内心和直觉，去做那些该做而且能做好的事。

无须担忧未来，只管做好当下。从潜意识的角度来说，这也是产生直观判断力最初的动力和源泉。如果当下的事情你都做不好，又怎能把握未来呢？因此，思考要直观，行动要果断。

# 附录

## 提升直观判断力的100条黄金法则

### 1. 直观地审视我们和世界的关系

本书不仅是关于洞察力、判断力和思考能力的指南，还可以让你通过书中的内容，真正地给予自己一些时间，坐下来重新审视自己和世界的关系："我看到了什么？我从中得出了什么？我是否拥有更好的行动原则？"我希望本书能帮你触及生活的本质，提高自己分析问题的能力，拥有实用思维和明智的生活态度。

### 2. 掌握"信息悖论"法则

理论上，参考信息越多，我们就越能得出准确的结论；但事实上，信息的增加反而会增大我们判断出错的概率。信息在为我们创造精彩世界的同时，也会给我们带来诸多"雾里看花"的烦恼。解决这些烦恼的方法便是精简信息，根据有限的信息集中思考。这样一来，直观的思考方式就会让复杂变得简单，让内心变得通透。

### 3. 相信直观，让机会离你更近

你一时拖延，就会一直拖延。拖延是让人停止思考的祸根，是无效思考的罪魁祸首，它甚至会让我们失去现实中的机会，因为机会总是青睐那些果断行动的人。因此，不要犹豫，也不要拖泥带水，相信自己直观而果断的思考和行动，这些都是一个人能够捕捉机会并将其转化为成果的重要因素。

### 4. 远离"非此即彼"的错误

有相当一部分人看待问题时都喜欢采取"非此即彼"的态度。不是对的，就觉得一定是错的；不是黑的，就认为一定是白的。这种极端化的思考方式十分普遍，已经成为困扰现代人的一大难题。要想解决这个难题，只需让你思维的焦点往中间靠拢，从一开始便瞄准中间。盯住正中的核心问题，才能在对和错之间找到正确的支点。

### 5. 学会做"多项选择题"

很多问题并非只有一个答案。我们在生活和工作中总会面临很多选择，要懂得为自己提供多个选项，不要一根筋地吊在一棵树上。

### 6. 看到"问题背后的问题"

大部分人都可以聪明、快速地"发现问题"，这并不是件难事。但只有极少数人能够做到敏锐地发现"问题背后的问题"并意识到其本质。许多事情表面存在的假象与事实偏离甚远，似是而非的信息会对我们的判断构成干扰；能对问题提出问题，扒开事物的外层，深入其中，是我们应该锻炼的一种能力。

### 7. 警惕"似是而非"的思考

有时候，你在非常认真、严肃地思考之后得出的答案却未必是正确的，因为思考过程中的许多东西经过了刻意包装。这样思考出来的结果就像一座摇摇欲坠的房屋，你认为它的大梁有质量问题时，也许地基下面的白蚁才是罪魁祸首。你如果看不到白蚁的存在，只更换上面的大梁是消除不了隐患的，这就是"似是而非"的思考。所以你不要急于下判断，对任何表面的问题都要警惕。哪怕你已经经过缜密的分析，也要随时关注最新的变化。

### 8. 化繁为简

越是简单、直接的判断，就越接近最后的真相。这和理性分析并不冲突，就像"奥卡姆剃刀定律"所说的："如无必要，勿增实体。"避开那些烦琐的无用环节，直抵核心的本质，这就要求我们要擅于发现问题的关键环节，拥有直达问题内在的洞察力。

### 9. 说一万遍，不如做一次

直观的价值不仅体现在思考和发现上，还表现在行动上。一个正确的道理，即使你喋喋不休地讲上一万遍，也不如闭上嘴巴去践行一次。你只需要践行一次就够了，因为用行动验证发现比用语言表述问题更为可靠。

### 10. 充分了解事物原理，直觉才最正确

当你对事物的原理已有充分的了解，你的大脑所产生的第一

个想法往往最接近正确的答案。这是你的第一反应，甚至是本能的条件反射，是理性认知经过长时间沉淀后的智慧结晶。反之，如果你不了解事物的原理，对事物缺乏洞悉和把握，就不要轻易相信直觉。因为这时候的直觉和"上帝掷骰子"没什么两样。

### 11. 建立"证据机制"避开"自我预言"的陷阱

你相信什么就会看到什么。这就是"自我预言"的实现过程，也是影响我们进行直观判断的一大杀手。为了化解这种思维模式的危害，我们要做的是建立"证据机制"，让大脑相信证据，而不是某种单纯的想象与期待。

### 12. 用1小时思考，用10秒钟决定

思考和做出决定的这一时间比例说明直观判断在本质上是一件相当理性的事情。即便最为快速的决断，它也早在我们的大脑里经过了相当成熟的思考。对于经验主义者来说，在思考和分析时可以尽量谨慎，但在做决定时要尽可能地干脆。

### 13. 正确评估信息的价值

我们需要面对的问题是：你在搜集和接收信息时，要考虑这些来自不同渠道的信息有多大的价值，它的真实性有多少。做出直观判断需要尽量精简的信息，我们必须学会从不同渠道的信息中辨别真伪。我的忠告是：在开始分析信息之前，先对其进行评估和分拣，而不是不加筛选地全盘接受。

### 14. 培养直观的预见力

在评估机会时，不要把金钱收益放在第一位。人们总是习惯于

侧重变现，然而，关注其未来的发展潜力和可升值的空间才是更重要的。"直观的预见力"是一种可以预知未来走势的能力，需要人们具有宏大的视野并站在一定的高度上动态地思考问题。

### 15. 准确判断"时间成本"

为了得出一个结论，你统计过自己在这些信息和资料上花费了多少时间吗？对于急需解决的问题来说，这个时间是多了还是少了？从最终的收益来看，投入是否值得？如果你在信息的海洋中畅游5个小时，仅是为了解决一个只用5分钟就能搞定的问题，这个时间成本就是不值得的。

### 16. 收集积极的信息提供参考

有时在信息的收集和归类过程中，你会发现情况渐渐变得不容乐观。因为你可能会发现很多负面信息，这将严重影响你解决问题的信心。比如你打算聘请律师解决一桩经济纠纷案件，在网络查询中却搜集到很多关于律师"吃了原告吃被告"的新闻，这时你可能就会质疑最初的决定："律师到底可不可信？我是否要另寻解决方法？"这些负面信息使解决问题的路径变得异常复杂，且令人沮丧。因此，你一旦做出决定，就要多收集积极的信息进行参考，比如律师是如何成功地打赢经济官司的，聘请律师有哪些必要的程序，当事人应该做什么。这才是有利于达到我们目的的解决问题的方式。

### 17. 建立信息筛选机制

我们每天都会接触到来自网络和媒体的海量推送信息，商品广告、明星八卦、投资理财、体育赛事……但其中大多数信息都应该归为"垃圾",只有极少的信息值得我们关注。即使是有效信息,它们也是以碎片化的形式进入我们的视野的,而如何把这些零散的信息组合到一起,构成我们生活和工作所需的知识储备呢?对此我们要建立筛选机制,把有用的信息挑出来。比如你想辞职创业,在能够接收到的那些创业信息中,从项目到市场到资产配置,你要筛选甄别:哪些对你是有用的?哪些是混淆视听、大肆鼓吹虚假的东西?哪些看起来是干货,实际上却是软广告?

### 18. 严肃地思考你自己的需求

你需要严肃地思考一个问题:"我的需求到底是什么?"根据自己的需求,判断哪些信息是值得自己花费时间和精力去阅读并了解的,缺乏这些信息又会如何影响自己对问题的判断。你要根据需求来检测信息的实用价值,不管是工作、生活还是消费,都要牢记自己的出发点,这样才能实现高效率的思考,得出真正有裨益的见解。

### 19. 独立法则:为他人的参与程度画一条红线

有些人很喜欢干预别人的生活,总想提出意见,左右别人的思考。如果任由他们从思想上干涉你,甚至用行动阻挠你,那么你将失去自由支配人生的主动权,你的大脑也会被另一个人的意志所操控。为了避免这种困扰,在他人干预你的过程中,你必须摆明自己的立场,在你和他人之间画一条红线,明确规定他人的参与程度。一旦他人越过红线你就要喊停,保持思考和决策的独立性。

### 20. 使用"最少的精力"

你要经常考虑如何用"最少的精力"来为自己获取最有用的资

讯。例如在网上购买一件衣服，搜寻商品信息时要避免受到其他商品的吸引，应把有限的精力用到最重要的事情上，专注地在最短的时间内搜集到自己需要的、与这件衣服相关的重要信息。问题是，现实中很多人是无法保持注意力的，他们特别容易在做一件事的过程中十分冲动地做出其他选择。比如你明天演讲缺一件西装，最终却买了一双并不急需的皮鞋，结果浪费了许多精力。

### 21. 找到主要的"关注面"

比如，你可以为自己设立一个新闻关注面，财经领域或者是工业制造、文化娱乐，它应该是你非常感兴趣的题材。然后，你在做信息的筛选时就对自己设置好的领域保持关注，心无杂念地提高自己在这方面的认知能力。

### 22. 目标法则：一开始就要有一个目标

我们总是谈到"建立目标"的重要性，因为目标就是目的，是一切事务开始的动机。在实现目标的过程中，我们要面对庞大的信息量，唯有以目标为核心的思考，才能不被数量庞大却无用的信息干扰，才能心无杂念地去做事。

### 23. 兴趣法则：用兴趣引导"直观的感知"

兴趣是决定我们对一件事情产生什么样的"直观感知"的重大因素。对自己感兴趣的领域，你可以多花些时间和精力深入了解。如果对某个事物产生强烈的兴趣，我们就能深入地研究和思考，并发现它的独特之处。比如，天才对自己所擅长的领域都是十分积极主动地去思考的，因此能看到很多别人无法看到的内容。

### 24. 提高逻辑思维能力

有思维才有眼界，有眼界才有魅力；有思维才有思路，有思路才有作为。这表明，一切最高层级的心智都是由人的思维和眼界共同决定的，而不是取决于"你从书本上学到了多少知识"。你想拥有出色的直观判断力吗？那就请系统地提高自己的逻辑思维能力！

### 25. 提高对世界的认知能力

财富不仅来源于知识，更源于我们的心智。心智就是思考的能力，决定着对于世界的认知，也是一种对于事物本质规律的把握能力。一个能看透世界本质的人，获得财富的能力也是出众的。

### 26. 观念、行动和原则缺一不可

和能力比起来，观念是最重要的。和承诺比起来，行动是最关键的。和我们的目标比起来，思考的原则才是最基本的。观念、行动和原则是智慧的三要素。

### 27. 随时调整我们的视野

不要觉得现在很好，就以为将来也很好。世界是动态的，所以我们的视野也应该不断地改变。一个人有没有持久的创造力，看他的视野有没有发生变化就可以了。

### 28. 尊重基本规律，不要轻信权威

任何时候，我们都要尊重事物的基本规律。事物的本质就藏在那些万年不变的规律中，而不是在书本和别人的嘴巴里。也就是说，你要小心和远离那些破坏、蔑视规律的人，哪怕他们是专家、

学者，也不要轻信。

## 29. 不停学习

我们必须不停地学习，不断地提升自己的认知能力，才能看准正确的方向。一个愿意不停地从现实中学习的人，即便他的起点很低，随着不断地努力，也总有一天会超过那些起点很高却放弃学习的人。

## 30. 知道自己需要什么和不需要什么，才能看到机会和把握机会

如果你不知道自己"需要什么"，就看不到什么是机遇；不知道自己"不需要什么"，就会永远被别人牵着鼻子走，每日忙于做自己不喜欢的事。不管你在做什么，都要先搞清楚上面这两个问题，接下来的生活才有可能发生实质的改变。

## 31. 提高你的综合素质

现在是比拼综合素质的时代。什么是综合素质？就是一个人智力、知识、觉悟和意志力等各方面的素养。这几项素养融合在一起，就可转化成一个人洞察人心、驾驭世界的强大资本。

## 32. 找到强劲的动力

你知道人在什么时候才会主动思考吗？大多数是在事情与自己的利益切身相关的时候。如果所从事的那项工作与自己能获得多少收益没有关系，人们很大概率会选择敷衍了事。所以，找到强劲的动力，才是提升人的思维深度的重要基础。

## 33. 思考之前，心态要正

不论在什么时候，我们的心态都要正，否则就容易走入歧途，

犯下错误。思路的清晰远比卖力的苦干来得重要，否则我们的收获就只有苦劳，却没有对人生有益的建树。

### 34. 找到方向，做对的事情

选对前进的方向，去做对的事情，而不是把错误的事情做对。这不仅有利于产生正确的认知，还利于我们形成健康的人生观、事业观。

### 35. 痛苦法则：必须愿意体验痛苦

感到痛苦不是坏事，提升直观判断力需要经过"思考痛苦之路"的锻造，失败也可以提供营养。因此，我们不要害怕失败，不要因恐惧和失败而迷惘。重要的是，我们要从失败中总结教训，体验其中的酸甜苦辣，而后方能找到一种正确的模式。

### 36. 拥有远见、人才和健康

一个成功者，他首先必须具备远见，其次必须拥有人才相助，最后必须保证自己身体的健康。这是"成功三要素"，也是我们经营好自己的人生和事业的三个基本点。

### 37. 变革法则：要有改革的勇气

人们表面上缺的是金钱，本质上缺的却是对于未来的"穿透性思考"。所以，我们要勇于改变现状，敢于变革。我们只有拥有改革的勇气，才能直观地看到未来，才能真正地把握自己的命运。

### 38. 贫穷法则：不要让自己的脑袋贫穷

一个人的口袋贫穷没有关系，大脑的贫穷才是最可怕的。很多人不是没遇到好机会，而是遇到了好机会却不自知，缺乏判断力以及对趋势的敏感度。因此，我们应该将时间和金钱投入到提升自己的能力上。

### 39. 改变思维，才能改变境遇

我们要想改变命运，就必须改变思维。只有我们的思维改变了，看问题的方式有了改进，我们的心态才能改观，做事的效果才能有质的提升。

### 40. 用理性做决策

我们做决策不能凭借内心的感性和冲动，而是要用理智进行判断。假如眼前的情况你看得不是太清楚，没有确切的把握，就不要着急做决定，也不要为了"有一个决定"而决定。停一停，对比一下别的方案，再选取最为有利的那个方案。

### 41. 改变法则：如果事情无法改变，就先改变自己

这个世界不会以任何一个人为中心。如果我们无力改变事情的走势，那么就先改变自己，改变自己的心态，改变自己的眼界，改变自己的思维……然后我们会发现，改变了自己之后，世界也开始变得不一样了。其实世界并没变，而是我们找到了与之相处的方法。

### 42. "努力无用"法则：别以为光靠努力就行

也许你会发现，自己付出极大的努力却依然没有成功。这并非努力无用，而是你对成功的理解存在误区。努力只是成功的必要条件，而非充分条件。换句话说，想成功就要努力，但努力了却不一定会成功。成功不仅仅是付出努力就够了，还需要有正确的方法、

坚持下去的信念，以及难得的好运气。总的来说，如果你所倚仗的资本只有努力，那么"努力无用"就是成立的。

### 43. 把握住今天

决定今天的是你昨天对人生的态度，决定明天的是你今天对工作的付出。我们的今天由昨天决定，明天则由今天决定。我们不仅要洞察未来，更要洞悉当下，走好今天的每一步。

### 44. 不要寄希望于奇迹

做出判断不是赌博，不能赌运气。你要在复杂的境况和无数的可能性中，通过理性的分析和对比，梳理出那个最接近正确的答案。不假思索就做对选择的奇迹也许会发生，但我们不能把希望全部寄托在奇迹上。

### 45. 努力要有策略性

做任何事都是需要方法的。我们想得到一样东西、完成一个目标，不但需要努力，还需要策略。这世上努力的人特别多，到处都是；但成功的人却很少，万里挑一。这是因为，很多人忽略了成功的方法。有时我们转变一下思路，稍微调整一下方法，成功可能就离我们不远了。

### 46. 环境的作用

环境对人的思考的影响是重大的，甚至起着决定性的作用。就像一粒种子，必须把它放到肥沃的土壤里才能生根、发芽。好的环境可以成就好的结果，坏的环境则容易让人走上歪路，让人对事物产生错误的认知，既而做出错误的选择。因此，营造良好的环境则显得尤为重要。

### 47. 懂得如何避开棘手的问题

凭直观快速做出判断的一大原则就是：你必须懂得如何避开不必要的问题和风险。这比知道怎样解决问题更重要和更宝贵。因此，最后的胜出者总是善于提前预知风险与躲避风险的人，而不是精于战胜"无关问题"的人。

### 48. 走出去，而且要立刻走出去

我们只有果断地走出去，融入世界，才能看清世界。眼界是人生的起点，是获取伟大成功的保证。我们躲在家里就只能看到天花板，走出去才能欣赏到无垠的天空。

### 49. 流动法则：让财富流动起来

把钱放着不动，就只是银行卡里的数字；把钱花出去，花到有用的地方，就可以让钱变成机会，创造更多的财富。让财富流动起来，去实现目标和梦想，这才是财富的价值。

### 50. 重视、开发自己的大脑

智力、观念和思维，是我们参与社会竞争的最有力的武器。再多的金钱也买不来这些东西，再多的付出也换不来这三样宝贵的财富。世界上最大的宝藏全都藏在人的大脑中，你从自己身上发现了没有？从现在起，请重视和开发自己的大脑，因为它是你最大的资本。

### 51. 控制情绪的底线

我们要时刻控制自己的情绪，不要让情绪控制你的行为。歇

斯底里、情绪崩溃、过度愤怒和沮丧都会让人失去理智，让人失掉应有的判断力。我们要为自己的情绪画出一道红线，一旦到达临界点，便强制自己回归平静，否则就会产生疯狂而幼稚的想法，做出很多傻事。

### 52. 备胎思维：至少给自己准备一个"备用方案"

我们要讲究计划，更要有备胎思维。在顺利的时候想到不顺，为不顺利的时候准备好退路，在现行方案行不通时就要及时拿出备用方案。具有"备胎思维"的人，无论在工作和生活中遇到什么突发情况，都能从容应对。

### 53. 树立正确的人生观

决定贫富的不是你的家庭背景，不是你的机遇有多少，而是你的人生观。正确的人生观是我们的起跑线，也是指引我们始终走在正确道路上的一盏明灯。

### 54. 坚定信念

你有什么信念，就会有什么态度；有什么样的态度，就会有什么样的作为；有什么样的作为，就会产生什么样的结果。信念是我们行动的信仰，唯有信念坚定，才能使我们做出积极的判断，并且有力地采取行动。

### 55. 纠正不良的思维习惯

坏习惯如果不加以纠正，就会融为一个人的本能，成为人思考和行动的惯性。无论是生活上的还是思维上的事情，都是这么运行的。我们如果发现自己有一些思考上的漏洞和缺点，就要及时地弥补和改正，让自己的思维保持较低的错误率，严密有序地运行。

### 56. 学会后退

人生并非只有不停地前进才算胜利。走错方向，遇到挫折却不自知，结果到了终点才发现大错特错，这样的前进是毫无意义的，会浪费大把的时间。在必要的时候，我们要学会后退几步，哪怕回到起点也没什么关系。因为只要能够找回正确的方向，后退也是一种前进。

### 57. 关键时刻不要迷失自己

有时摆在眼前的选择很多，似乎做这个可以，做那个也可以。但选择多了有时并非好事，假如我们的洞察力不足的话，就要对自己做一个清晰的定位，节制那些无谓的欲望。只有清楚自己应该做什么，才不会失去方向。

### 58. 拥有前瞻性的决断力

一个人只有对当下的决断力是远远不够的，要想争取主动，就必须占据未来的优势。前瞻性的决断力会让我们走在他人的前面，更好地对当下策略进行判断与调整，抢得先机。

### 59. 善于"提出问题"

很多时候，发现问题并且提出问题比回答问题更难。因为解决问题只是技术性的，而提出问题却是思想性的。

### 60. 形成正确的思维模式

人们习惯于固有的思维模式，所以常常犯经验主义的错误。经验固然很重要，但我们不能在任何时候都依赖经验。正确的思维模

― 高效思考

式应该是在常识和经验的认知基础上，加以创新和反向的思考，肯定正确的部分，分析存疑的部分，探索能改进的部分，最后得出一个逻辑严谨的答案。

### 61. 为思维找到一个出口

没有一种情况能把一个人的思维通道彻底堵死。如果你感觉自己找不到别的出路了，相信我，那不是真的，只是你的思维恰巧钻进一条死胡同而已。面对这种情况，你要彻底丢弃原来的思路，结合新的线索，列出证据，重新分析，就一定能为自己的思路找到一条全新的出路。

### 62. "想得到"才能"做得到"

在这个世界上，只有想不到的方法和不敢去想的人，却没有做不到的事。我们不要封锁自己的思维，要大胆地去想象、去创造、去预见、去尝试。记住，阻挡你前进的不是外界的困难，而是你心中的怯弱。

### 63. 锻炼主动思考的能力

如果你害怕思考，遇到难题就逃避和放弃，那你一定患有"思考恐惧症"，也许你还有比较严重的"选择性障碍"。所以你要抓住时机，努力锻炼你的大脑。因为你若长期不用大脑，思想会生锈，慢慢地你就会失去对事物的洞察力。通过勤奋的训练提高主动思考的能力，会让思维越来越敏捷。

### 64. 心情法则：先放轻松，再下结论

我们无法改变很多事情，但我们可以改变自己的心情。心情改

变了，看待事物的角度就不一样了，那时我们就能够用更为平静的态度去考虑问题，得出较为客观的结论。假如你连自己的心情都控制不了，又谈什么提升判断力呢？

### 65. 要有先见之明

那些事业上有建树的人，大多数都预测到未来5到10年的趋势，因此他们成功了。这种先见之明就是他们成功的关键。在别人不明白的时候他们明白了，在别人明白的时候他们已经开始行动了，在别人行动的时候他们已经大获成功了。无论思考还是行动，他们永远走在别人的前面。

### 66. 拒绝带偏见的思维

偏见是什么呢？就是只想、只能看到自己"想看到的东西"。这比无知更可怕，因为无知者可以学习，拥有偏见者却拒绝学习。

### 67. 不要蒙住眼睛思考

蒙上自己的眼睛和蒙上别人的眼睛，结果都是一样的，看不到真相。因为你蒙住自己的眼睛，世界就漆黑一片了；蒙住别人的眼睛，也不等于光明就属于你自己。请你睁开眼睛面对这个世界，不要逃避思考，不要回避真相，因为我们总有面对现实的那一天。

### 68. 乐观法则：不会有永远的黑夜

一个人看问题时要保持乐观，因为再长的路也会有终点，再长的黑夜也会有尽头。失意时不要害怕，更不要绝望，你只要耐心等一会儿，就能等到太阳升起，问题也终会得到解决。前提是在困难中你始终没有失去信心。

### 69. 适应法则：增强自己的适应能力

山不过来，你就过去，这就是适应能力。我们需要采取的理性态度是：去改变你能改变的东西，去适应你无法改变的环境。比起与这个世界激烈地对抗，学会与之和平相处才是更为宝贵的品质。

### 70. 放弃法则：懂得"放弃"，才配"得到"

如果你想知道未来自己可以得到什么，就先要弄清楚现在应该放弃什么。没有不用付出代价的方案，你总要做出取舍。

### 71. 认识到最差的时候，是开始的最好时机

在我们跌到人生的最低谷时，恰恰是面临转折的"最佳阶段"。这时候你要做的不是抱怨和哭泣，而是积累能量，等待峰回路转的时机。如果你始终自怨自艾，绝望和放弃，那么这个转折点将永远不会出现。

### 72. 创新法则：理解创新的本质

创新的本质是求新和求变。创新不是排斥旧的东西，而是继承伟大的传统，同时追求新的突破。创新是内在的洞察力的蜕变，是思想的一次飞跃。

### 73. 想办法而非找理由

在困境中要看到办法，而不是第一时间想到逃避的理由。只要想做，你总会有办法；只要不想做，你也总会有理由。困难总是存在的，现实中聪明的人每天都在想办法，而愚蠢的人每天只会找借口。

## 74. 强化我们的优势

某种程度上，竞争力就是我们的优势之间的竞争。我们无论从事哪个行业，要想保持长久的竞争力，就要不断地发掘自己的长处，并将其不断地强化，直到别人不可替代。

## 75. 关注未来，而不是过去

总结过去是一种好习惯，可以让我们在未来的道路上不再重复过去的错误。但发生的已经发生了，过去的已经过去了。对于过去，我们除了总结经验，不能再浪费时间沉溺其中。凡事要往前看，抓住当下，关注未来。我们只有保持长远的眼光，才能获得实质的成长。

## 76. 财富法则：重新认识财富，跟上世界的变化

财富的含义不只是金钱，还包括知识和观念。但最值钱的财富是思考的能力。在这个时代，有的人银行卡里的数字很小，但他真正值钱的东西是他的创意、他的知识、他的眼光。只要赚钱的能力在进步，总有一天，他的财富值会反映到他银行的账户上。

## 77. 让自己拥有互联网思维

在互联网和大数据时代，信息就是财富，也是人生最大的收益。只要学会善加利用已经掌握的信息，任何人都可以在互联网中找到能让自己施展拳脚的一块领地。所谓的互联网思维，本质上便是信息思维。

## 78. 善用思考的吸引力法则

人的思维是有吸引力的：你想要什么，就能得到什么。将思维

的焦点集中在自己的目标上，信念就会把你的思想集中起来，形成强大的吸引力，吸引到与你有相同想法的人来帮助你，并与你一起完成目标。

### 79. 别做浮夸的空想家

谨记这一条：不要成为空想家。我们拥有再美丽的梦想，如果不付出行动，梦想也只是美丽的肥皂泡，所以我们要做一个实干家，脚踏实地地去做那些自己可以完成的事。比如在梦想成为富豪之前，我们是不是应先把今天的工作完成？在等待有朝一日拯救世界之前，我们是不是应先帮妈妈洗洗碗呢？

### 80. 无论别人说什么，一点都不重要

如果你的目标已定，就不用在乎别人的眼光和说法，要坚信自己是对的。我们无法堵住别人的嘴巴，但能掌握自己的行动。

### 81. 洞察生活的四条准则

第一准则：生活要有宽度；第二准则：生活要有深度；第三准则：生活要有热度；第四准则：生活要有速度。

### 82. 洞察工作的五个基础

第一基础：对工作要主动；第二基础：对工作要有行动；第三基础：工作起来要生动；第四基础：对工作要有带动性；第五基础：对工作要灌注自己的感情。

### 83. 别想太多，成功要趁早

张爱玲说：出名要趁早。其实，不光是成名，这个世界上的一切成功之事都应该趁早，因为成功如果迟迟不来，可能就来不及了。

我们在最年轻的时候要付出最大的努力，不要让自己荒废时间，错失机遇。你想做成一件事时就赶紧去做，别因为优柔寡断而错失良机。

### 84. 解放思想，唤醒直观

别被陈规陋习束缚头脑，请打开你的心门，让思想充分地释放，让它自由地关联一切事物。只有解放自己的思想，才能唤醒内心的直觉，迸发出无限的灵感并将其上升，根本性地改变我们头脑中的直观的智慧。

### 85. 终点法则：赢在终点线

从什么时候起跑不重要，在什么时候抵达终点才重要。你也许已经输在起跑线上，但未来你仍可以赢在终点线上，因为人生不是冲刺跑，而是一场漫长的马拉松。为了赢，你要不停地加快速度，以十倍、百倍于别人的努力去迅速地提高自己的能力，直到超越所有的对手。

### 86. 舍得法则：要舍得放弃，才能有新的选择

如果抓住一件东西总是舍不得放手，那么你就只能拥有这一件东西。如果肯放手，你就能获得重新选择的机会。在不得已需要放弃时，你不必感到懊恼。失去的另一面是，你可以去拥抱一个全新的世界，获得其他的机会。

### 87. 不要想太多

也许你每天有无数个想法，一会儿想学英语，一会儿想读MBA（工商管理硕士），一会儿想考研，一会儿又想创业……想得那么

多，只能说明一点：你什么都做不好。你不要想太多，有时间不如多读点书，学点专业技能，提升自己的竞争能力，这才是最务实的做法。

### 88. 做好两件事就够了

在这个世界上，最难做的事情只有两件：一是把别人口袋里的钱放到自己的口袋里；二是把自己的想法放到别人的脑袋里。你能做到这两件事吗？当你能做到的时候，便意味着你获得了成功！

### 89. 深度思考

深度思考，然后直观判断。对事物的怀疑只是痛苦的开始，对问题的释疑才是快乐的开始。面对世界，我们不要总是浅尝辄止，逃避关键思考，要学会深究问题，想办法求证真相，我们的思考力才能在反复的练习后变得坚韧。

### 90. 坦然地面对恐惧

我们必须将全部的精力投注到自己想要的东西上，而不是总在意自己到底在恐惧什么。恐惧一直都在，关注得越久，恐惧越强烈，直到最后把你击垮。你要试着坦然地面对恐惧，可以把具体的恐惧写下来，尽力找到解决方法；如果解决不了，那就不要理会。即使我们每天惴惴不安，恐惧也会存在。既然无能为力，为什么不让自己活得轻松一些，让大脑去做更有价值的事情呢？

### 91. 参照一切条件做决定，尤其是不利的因素

在做出决定时，你要想到一切不利因素，综合所有你能看到的条件，从不利因素中预测最坏的结果。同时，你要设立一些标准，

画出自己能够承受的底线，并对结果报以最乐观的期待。最重要的是，你一定要做好最坏的打算。没有这个最坏的预期，并为其充分地准备，你就不要采取实际行动。

### 92. 对棘手的问题发动"精英讨论"

对于重大问题的决定，实施"精英讨论"无疑是最重要的一项原则。比如举办一些"闭门会议"，可以是两到三人，也可以是三到五人。大家就讨论的主题互相交流意见，分享看法，汇总思路，提交决策参考，进而高效地做出最有利的决定，这会比人数众多的集体讨论的效率高出很多。"精英讨论"的目的在于快速决断重要事项，而不是陷入无休止的争论中。

### 93. 创造性地构想

创造力是洞察力的思想源头。在团队的集体决策中，要激发创造性构想的活力，释放我们的创造力，并且引领团队的集体创造力。其中一个原则就是，我们要鼓励创造，为团队成员提供无限的想象空间，让每个人都能为团队献计献策，贡献出他们最宝贵的智慧。

### 94. 不要过于轻信概率

轻信概率的表现在于，人们认为将来的一些"可能性"会受到过去某种行为的影响，但事实却不是这样的。就像你抛出一枚硬币，落下来时正面朝上的概率永远会是50%，即便你抛出100次，它的概率都不会变。但有的人就可能觉得，概率一定会变，因为之前的20次都是正面朝上，他就觉得正面朝上的概率变成100%了。

因此，在下次做出决定时，他可能就会相信自己一定会成功，并做出冒险性的决定。这种思维在股市中很常见，股民前几次投资都赚到了钱，就相信自己有很大的概率是会赚钱的，认为自己是有能力的幸运儿，于是开始变得轻率和冒进。结果可想而知，他在这么想时，就离灾难仅剩一步之遥了。

### 95. 建立成本概念

思考、行动都要考虑成本。在判断一件事情的好坏时，我们必须建立成本概念，使用成本思维。比如，有些做法能带来好处但并不值得去做，因为耗费的精力和所需成本太大了，已经远远超出事情的价值本身。成本概念重在掌握做事情的"度"：一件事值不值得付出，要付出多少，需要有一个底线，避免我们因感情用事而遭受损失。

### 96. 不要以偏概全

以偏概全是指一个人会凭借个别事件来对整个人或整件事进行综合评断，却不考虑具体事件的成因。这种错误的思维在我们对员工的评估工作中时有发生。比如，你的一名下属在过去的一周中每天都迟到半小时，你注意到这个现象，并推断出这个家伙有点懒惰并且对他的工作一点也不上心，就认定他是一名不合格的员工；你偶尔吃到一种难吃的食物，进而推翻一切与这种食物相关的食品……以偏概全会阻碍我们客观、全面地看待事物，让我们失去正确的判断能力，形成偏执的认知。我们要多观察，不要轻易做出判断，才能避免让自己成为一个狭隘的人。

## 97. 任何时候都不要回避矛盾

遇到问题时，你为何总是遮住双眼为自己寻找逃避的理由？在处理矛盾时，我希望你能摒弃盲目乐观或极端逃避的立场，遵守下面的三项原则：

第一，面对当前的问题，不要试图回避矛盾。

第二，我们的目标是解决问题，而不是去证明对方的错误。

第三，一定要换位思考，而不是顽固地坚持自己的立场。

你可以将所有的情况列在一张纸上，进行反思，与别人进行沟通，正面地解决问题。请记住：今天你越是回避矛盾，将来为了解决问题而要付出的代价就会越大。

## 98. 跳出经验的限制

套路用多了，就只会套路了，想不到其他办法。一直用相同的套路，是非常自然的事情，但也隔绝了其他可能性。大脑数据库如果不更新，就只有旧套路没有新途径。想要打破模型困境，就得尝试新方式。

## 99. 良好的精神状态也是直观判断的关键

精神状态也是直观判断的重要基础之一，当人们陷入不良的精神状态中，认知功能也会受到相应的影响，自然无法很好地运用直观判断，因而，保持良好的精神状态对直观判断十分重要。例如通过运动、规律的作息及饮食合理释放情绪压力等。

## 100. 拆解问题，各个击破

当我们遇到大于自己能力的问题久久不能突破时，不如将其分拆成不同维度的小问题,将问题的难度降低到自己的能力之下,分而治之,各个击破。这样问题就会变得容易解决了。笛卡儿曾说:"将面临的所有问题尽可能地细分,细至能用最佳的方式将其解决为止。"

图书在版编目（CIP）数据

高效思考 / 高原著. — 成都：天地出版社，2021.5
ISBN 978-7-5455-6317-7

Ⅰ.①高… Ⅱ.①高… Ⅲ.①思维方法 Ⅳ.①B804

中国版本图书馆CIP数据核字（2021）第046388号

GAOXIAO SIKAO

## 高效思考

| 出 品 人 | 杨　政 |
|---|---|
| 作　　者 | 高　原 |
| 责任编辑 | 孟令爽 |
| 封面设计 | 今亮后声 |
| 内文排版 | 麦莫瑞文化 |
| 责任印制 | 王学锋 |

| 出版发行 | 天地出版社 |
|---|---|
| | （成都市槐树街2号 邮政编码：610014） |
| | （北京市方庄芳群园3区3号 邮政编码：100078） |
| 网　　址 | http://www.tiandiph.com |
| 电子邮箱 | tianditg@163.com |
| 经　　销 | 新华文轩出版传媒股份有限公司 |

| 印　　刷 | 天津科创新彩印刷有限公司 |
|---|---|
| 版　　次 | 2021年5月第1版 |
| 印　　次 | 2021年5月第1次印刷 |
| 开　　本 | 880mm×1230mm 1/32 |
| 印　　张 | 8 |
| 字　　数 | 190千字 |
| 定　　价 | 48.00元 |
| 书　　号 | ISBN 978-7-5455-6317-7 |

版权所有◆违者必究
咨询电话：（028）87734639（总编室）
购书热线：（010）67693207（营销中心）

如有印装错误，请与本社联系调换